생물학 명강 1

경암바이오 시리즈

생명 연구의 최전선에서는
어떤 질문을 던지는가

생물학 명강 ①

한국분자·세포생물학회 기획

강문일
김경진
김영준
김은준
민도식
박상철
백융기
안주홍
오태광
유성은
이승환
정봉현
정종경
최양도
최재천
지음

해나무

머리말

더 깊고 폭넓은
생명과학의 세계로

정헌택 제22대 한국분자·세포생물학회 회장

    오늘날 국내외 생명과학 연구는 눈부시게 발전하고 있으며, 생명과학에 대한 대중의 흥미도 날로 더해가고 있습니다. 그러나 이러한 지대한 관심에도 불구하고, 최근의 연구 동향을 일반 대중이나 학생에게 폭넓게 소개하는 적합한 장은 없는 실정입니다.

    한국분자·세포생물학회는 지난 2005년부터 생명과학의 최신 연구를 소개하고 생명과학 분야의 흥미를 높이고자, 국내 저명 과학자를 초청해 고등학생들을 위한 강연과 토론을 진행하고 있습니다. 그러나 강연을 듣고 싶은데도 여러 가지 이유로 듣지 못했거나, 아니면 들었다고 해도 더 확실하게 글로 읽고 싶어하는 학생들이 많아, 강연 내용을 글로 써서 책으로 출간하기로 했습니다. 이 책을 통해 청소년들은 교과서에서 접할 수 없었던 차별화된 고급 정보를 얻을 수 있을 뿐 아니라, 새로운 학문의 세계에 눈뜨게 될 것입니다.

    모든 생물학자들의 연구와 실험에는 "생명이란 무엇인가?"라는 질문에 대한 독창적인 문제제기와 도전적인 실험정신으로 가득 차 있습니다. 각 글은 왜(why)라는 질문을 던집니다. 저자와 전 세계 연구자들이 붙들고 있는 핵심 질문들입니다. 저자들은 지금까지 밝혀진 사실을 토대로 생명현상이 어떻게(how) 작동하는지, 그 지식으로 무엇(what)을 할 것인지를 명료하게 기술하고 있습니다.

예를 들면, 왜 암을 연구해야 하는지를 따져 묻고, 그 다음 어떻게 암이 쉼 없이 세포 증식을 하고 전이를 하게 되는지, 그리고 암을 없애기 위해서는 무엇을 해야 하는지 등을 최신 연구 성과를 바탕으로 피력해놓았습니다.

지금 현장에서 뛰고 있는 생명과학자들이 어떤 질문을 던지는지, 또 어떤 과정을 통해 답을 찾아 나가는지를 보여주는 이 책은 청소년들에게는 아주 긴요한 지식과 자극을 전해줄 것입니다. 나아가 학생들이 진로를 결정할 때에도 중요한 정보를 제공하게 될 것이라고 확신합니다. 이 책이 청소년들에게 폭넓게 읽혀 미래의 우리나라에 훌륭한 생명과학자가 나타나는 데 도움이 되기를 바라마지 않습니다.

그리고 청소년을 위한 생명과학 강연을 적극적으로 지원해주신 경암교육문화재단 송금조 이사장님께도 진심으로 감사를 드립니다.

감사의 말

생명과학을 향한
꿈과 열정을 응원합니다

송금조 경암교육문화재단 이사장

    생명과학 분야는 매우 중요한 기초학문입니다. 어쩌면 생명과학의 미래가 곧 우리나라의 미래라고까지 할 수 있을 것입니다. 저는 작은 힘이나마 경암바이오유스캠프를 지원하게 된 것에 크나큰 기쁨과 보람을 느낍니다.

    자원이 없는 우리나라를 성장시킬 수 있는 길은 오로지 과학기술의 발전과 우수한 인재 양성이라는 것을 잘 알고 있었기에, 2009년 한국분자·세포생물학회의 지원 요청에 흔쾌히 응할 수 있었습니다. 생명과학 분야의 최신 연구 성과를 미래의 주역인 고등학생들에게 알기 쉽게 전달하고자 하는 경암바이오유스캠프는 생명과학 분야의 인재를 양성하는 데 고귀한 밑거름이 될 것이라 생각합니다.

    축사를 하기 위해 강연장을 찾았을 때, 참가한 고등학생들의 초롱초롱한 눈빛을 잊을 수가 없습니다. 어려운 내용이지만 청소년들의 눈높이에 맞춰 설명하려고 애쓰는 강연자의 열의, 머리와 가슴으로 한껏 받아들이는 학생들의 모습은 매번 제게 감동을 주었고, 강연 후에 끝없이 쏟아지는 질문들의 날카로움에 놀라기도 했습니다. 바로 그곳에서 저는 대한민국의 희망을 보았습니다. 생명과학 분야는 우리나라가 세계적인 수준을 갖추고 있고, 어떤 분야는 선도적인 역할을 담당하고 있다고 들었습니다. 강연에 참가한 많은 학생들이 생명과학을 전공할 것이고 미래에 세계의 생명과학 분야를 이끌어갈 것이라고 생각합니다. 경암바이오유스캠프를 거쳐 간 학생들 가운데 분명 노벨상을 수상할 업적을 이룰 학생도 있을 것이라고 확신합니다. 또 신기술을 개발함으로써 우리가 아직 해결하지 못한 수많은 난치성 질환을 해결하거나 환경과 식량 문제를 해결할 학생들도 있을 것입니다.

그동안 이루어진 훌륭한 강연들을 글로 써서 책으로 출간한다고 하니 고마운 일입니다. 후학들을 위해 귀중한 시간을 쪼개 강연에 참여한 선생님들께서 또다시 자료를 정리하고 첨삭하여 책으로 만드는 노력을 아끼지 않은 것에 진심으로 감사드립니다. 지식은 나눌수록 그 진가가 더욱 커진다고 합니다. 이 책을 읽게 된 청소년들도, 훗날 훌륭한 생명과학자가 되었을 때 자신의 지식을 후학들과 나누는 아름다운 선배로 성장하기를 바랍니다.

저는 힘닿는 데까지 대한민국의 희망, 생명과학을 열심히 응원할 것입니다. 경암바이오유스캠프를 주관하는 한국분자·세포생물학회에 감사드리며, 학회의 무궁한 발전을 기원합니다.

머리말 더 깊고 폭넓은 생명과학의 세계로
  정헌택 제22대 한국분자·세포생물학회 회장

감사의 말 생명과학을 향한 꿈과 열정을 응원합니다
  송금조 경암교육문화재단 이사장

1부 질문은 길을 만든다

왜 동물에게서 사람에게로 질병이 옮을까?
강문일 전남대학교 수의학과 교수 ——— 12

청소년의 뇌는 어떻게 다를까?
김경진 대구경북과학기술원 뇌인지과학과 석좌교수 ——— 32

후성유전체 연구란 무엇인가?
김영준 연세대학교 생화학과 교수 ——— 52

무엇이 정신질환을 일으키는가?
김은준 한국과학기술원 생명과학과 교수 ——— 70

염증은 암과 어떤 관계일까?
민도식 연세대학교 약학대학 교수 ——— 86

늙으면 모두 죽어야 하는가?
박상철 서울대학교 의과대학 노화고령사회연구소 고문 ——— 102

단백체학이란 무엇인가?
백융기 연세대학교 연세프로테옴연구소 소장, 명예교수 ——— 118

예쁜꼬마선충은 노벨상과 어떤 관계가 있을까?
안주홍 한양대학교 생명과학과 교수 ——— 132

2부 생명은 길을 찾는다

왜 지구의 주인은 미생물인가?
오태광 서울대학교 특임교수 겸 국가미래연구원 연구교수 —— 150

신약은 어떻게 만들어질까?
유성은 전 충남대학교 신약전문대학원 교수 —————— 168

DNA는 과학수사에 어떻게 이용되는가?
이승환 대검찰청 법과학연구소 소장 ————————— 186

나노바이오테크놀로지란 무엇인가?
정봉현 전 한국생명공학연구원 나노바이오헬스가드연구단 단장 — 206

초파리도 과연 파킨슨병을 앓는가?
정종경 서울대학교 생명과학부 교수 ————————— 218

식물 생명공학은 어떤 미래를 보여주는가?
최양도 전 서울대학교 농생명공학부 교수 —————— 238

왜 생물학인가?
최재천 이화여자대학교 에코과학부 석좌교수 ——————— 258

1부

질문은 길을 만든다

무엇을 생명이라고 하는가? 왜 생명이 존재하는가? 우리는 생명이 무엇인지, 생명이 왜 있는지 그 이유를 알지도 못한 채 존재한다. 우리가 생명을 이해할 수 있는 길은 더 나은 질문을 던지는 것이다. 사소한 질문이라도 누군가에게는 뜻밖의 통찰력을 제공해준다. 질문을 던지는 순간, 새로운 지평이 열리고 지적 모험이 시작되는 것이다. 인식의 놀라운 전환도 일어난다. 1부에는 전염병에서부터 뇌의 진화, 염증, 노화, 세포 사멸, 단백체 등 가장 핵심적인 생물학적 주제를 붙들고 생명의 신비를 파헤치는 과학자들의 도전적인 질문과 탐구가 담겨 있다.

왜 동물에게서 사람에게로 질병이 옮을까

강문일 전남대학교 수의학과 교수

전남대학교에서 수의학을 전공했으며, 서울대학교에서 수의학으로 박사학위를 받았다. 농림수산부 국립수의과학검역원장(2005~2008)을 역임했다. 영국 런던대학교 왕립수의과대학을 비롯해, 호주 머독대학교, 독일 기쎈대학교, 헝가리 잔트이스트반대학교 등에서 객원연구원으로 활동하였다. 현재 전남대학교 수의학과 교수로 재직 중이며 칠레 국립 아우스트랄대학교 특임교수직도 맡고 있다. 동물 질병에 대한 병리학적 진단과 함께 인수공통전염성 병원체인 로타바이러스와 코로나바이러스 등에 대한 발병 기작을 연구하는 중이다. 과학기술우수연구상(2002년)을 수상했으며, 『수의병리학총론』, 『마우스와 랫트의 감염병』, 『조류질병학』 등 여러 책(공/역서)이 있다.

14세기 초중반, 참담한 질병이 유럽을 휩쓸었습니다. 이 질병의 발생에 "빨리 달아나라, 멀리 달아나라, 그리고 늦게 돌아오라"라는 격언이 생길 정도였습니다. 이 질병이 바로 악명 높은 흑사병, 즉 페스트입니다. 페스트가 유럽을 휩쓸던 당시, 프랑스 부르고뉴 지방의 어느 교회에서 작성한 사망자 명부는, 페스트가 만연했던 1348년 8월에서 10월 사이에 전체 1200~1500명의 인구 중 680명이 죽었다고 기록하고 있습니다. 이 마을을 기준으로 하면 인구의 절반이, 유럽 전체로 보면 불과 수년 만에 약 20~30%에 해당하는 사람이 이 질병으로 죽었습니다. 동유럽에서 서유럽으로 퍼져 나가면서 유럽을 쑥대밭으로 만들었습니다. 유럽이 그 이전의 인구로 돌아가는 데에는 200여 년이라는 긴 시간이 걸

피에르 미냐르(Pierre Mignard)의 〈에피루스의 페스트〉(동판화). 페스트는 작은 설치류와 그들의 몸에 붙어 있는 벼룩들 사이에 순환하는 인수공통전염병이다. 이 동판화는 페스트의 유행으로 에피루스 지역 사람들이 죽어 나가는 처참한 상황을 보여준다.

렸습니다.

이 질병의 병원체를 발견한 과학자는 알렉상드르 예르생(Alexandre Yersin)으로, 병원체의 이름인 예르시니아 페스티스(*Yersinia pestis*)는 이 과학자의 이름을 딴 것입니다.

페스트균을 갖고 있는 가장 흔한 동물은 쥐를 비롯한 설치류이며, 이들의 몸뚱이에 기생하는 쥐벼룩(*Monopsyllus anisus*)도 이 균을 보유하고 있습니다. 이 병원체를 지닌 쥐나 쥐벼룩들이 사람과 접촉하게 되면 결국 페스트에 걸리게 됩니다. 흥미로운 점은 이 세균을 사람에게 옮기는 쥐나 쥐벼룩 같은 매개체(vector)들에게서는 이 병원체가 아무런 증상을 일으키지 않고 있다가, 정작 사람에게 옮겨졌을 때에는 치명적인 질병이 된다는 사실입니다.

물론, 이처럼 동물로부터 사람에게 전파되는 질병(인수공통전염병)은 페스트뿐만이 아닙니다. 일본뇌염, 말라리아, 0157:H1 대장균감염증, 브루셀라증, 공수병(광견병), 광우병 등 사망률이 비교적 높은 질병에서부터 인플루엔자, 회충증 등 경미한 질병에 이르기까지 그 질병이 매우 다양합니다.

동물의 가축화가 불러온 질병

인류 문명의 역사는 동물과 함께 진화해왔습니다. 1998년 퓰리처상을 받은 진화생물학자 제레드 다이아몬드는 『총, 균, 쇠』라는 책에서 인류 문명에 가축이 얼마나 지대한 영향을 끼쳤는지 강조한 바 있습니다. 그는 첫째로 농업에 가축이 동원되면서 농업 생산성을 높일 수 있었고, 둘째로 가축이 사람에게 동물성 단백질의 주된 공급원이 되었으며, 셋

째로 당시 말(馬)은 전쟁터에서 병사들의 전투 능력을 크게 향상시켰을 뿐 아니라 동시에 운송수단으로써 문명의 교류를 촉진시켰다고 지적하였습니다. 특히 그는 동물의 가축화가 불러온 질병 문제에 주목했습니다. 홍역, 결핵, 천연두, 백일해 등 치명적인 전염병들은 모두 소나 돼지 등 가축의 병원균들이 돌연변이를 일으켜 생겨났다고 분석했습니다. 예컨대 홍역, 결핵, 천연두 등은 소(牛)가, 백일해나 인플루엔자는 돼지가 그 기원이라고 파악했습니다. 인류 최후의 질병이라고까지 불리던 후천성면역결핍증(AIDS) 또한 아프리카의 야생원숭이가 가진 바이러스의 변종에서 비롯된 질병입니다. 2009년 세계보건기구(WHO)에서 범세계적(pandemic) 발생 질병으로 선포했고, 지금도 사람의 생명을 위협하고 있는 '신종 고병원성 인플루엔자'의 경우 조류나 돼지에서 유래한 질병으로 알려져 있습니다.

야생동물들이 가축화된 이래 인간과의 접촉이 늘어나면서 동물에게만 질병을 일으킨 병원체들이 인체에 적응하는 병원체들로 바뀐 경우가 요사이 많아지고 있습니다. 이처럼 사람과 동물에 함께 감염되어 질병을 일으키는 전염병을 '인수공통전염병'이라고 합니다. 현재 전염병들 중 약 70% 이상이 동물과 관련이 있는 것으로 알려져 있습니다.

사람과 동물 사이를 오가는 전염병

인수공통전염병은 그리스어로 안스로포쥬노시스(anthropozoonosis)라고 합니다. 이 말은 인류라는 뜻의 'anthropos'에, 동물을 뜻하는 'zoo', 그리고 질병을 의미하는 'nosis'를 결합해서 만든 복합명사입니다. 문자대로 하면 '사람과 동물에 발생하는 전염병'을 뜻합니다. 그러나 실제 이 전염병은 사람을 중심으로 생각하여 '동물에게서 사람으로 옮겨가는 질병'이라는 좁은 개념으로 주로 쓰이고 있습니다.

'인수공통전염병'이 전파되는 방식은 모기 등의 절족동물을 통해 사람에서 사람으로 전파되는 경우(말라리아, 일본뇌염), 사람의 질병이 동물이나 음식을 통해 다시 사람에게 전파되는 경우(A형 바이러스 간염), 척추동물에 의해 매개된 독성물질이 전파되는 경우 등 다양합니다.

현재까지 약 250종의 '인수공통전염병'이 알려져 있으며, 공중보건학적으로 중요한 전염병은 약 100여 종에 이릅니다. 국내에 발생하거나 가능한 질병들 중 대표적인 것들로는 탄저, 브루셀라증, 공수병(광견병), 일본뇌염, 말라리아 등을 들 수 있습니다.

특히, 일본뇌염은 우리나라에서 발생 빈도가 높은 질병으로, 일본뇌염 바이러스에 감염된 작은빨간집모기(Culex tritaeniorhynchus)에 물렸을 때 사람에게 발병되는 전염병입니다. 이 병원체 바이러스를 보유하는 동물 중 가장 중요한 동물은 돼지입니다. 이 바이러스에 감염된 돼지의 피를 모기가 빨고, 그 모기가 사람의 피를 빨 때 병원체를 옮기는 것입니다. 여름철에 많이 발생하는 '비브리오패혈증'은 비브리오 불니피쿠스균(Vibrio vulnificus)에 감염된 어패류를 먹거나, 균이 들어 있는 바닷물이나 갯벌에 피부 상처가 노출되어 감염되면 질병을 일으킵니다. 이 세균이 사람 몸속에 들어가 독소를 내뿜고 그로 인해 혈관이 손상되어 전신 출혈을 일으키면 사망에 이를 수 있습니다.

현재, 지구 상에 병을 일으킬 수 있는 병원체로는 약 1400여 종 이상이 있으며, 바이러스, 세균, 원충, 클라미디아, 리케차, 곰팡이, 체내기생충, 체외기생충, 프리온(예, 광우병 원인체) 등이 있습니다. 그중 가장 문제가 되는 병원체는 비브리오패혈증처럼 독소를 분비하는 세균들입니다.

 사람에게 병원체를 전파시키는 주요 매개체 동물들로는 소, 말, 개, 쥐, 고양이, 토끼, 모기, 진드기 등이 있다. 최근 지구온난화의 영향으로, 우리나라의 경우 온대에서 아열대 기후로 옮겨가는 지역적 기후변화로 인해 새로운 매개체 종들이 유입되고 있고, 이미 있었던 매개체들의 서식분포는 달라질 수밖에 없다. 따라서 주기적으로 매개체들의 종류와 밀도 등을 조사하는 생태학적 모니터링과 함께 그들에 대한 병원체들의 존재 유무를 확인하는 연구가 지속되어야 할 필요가 있다. 그러한 과학적 기초조사는 '새로운 매개체성 질병'의 발생을 예측할 수 있을 뿐만 아니라, 신종 질병에 대한 효과적인 진단과 그에 대한 올바른 예방을 할 수 있다는 크나큰 장점이 있다.

 이들 1400여 종의 병원체 중에서 3분의 2 정도는 한 종에서 다른 종으로 전파될 수 있습니다.
 생물과 생물 사이의 관계는 크게 보면, 경쟁, 공생, 포식, 기생 등으로 구분할 수 있습니다. 그중 인간과 병원체 사이는 '기생', 즉 숙주와 기생생물 간의 관계입니다. 모든 숙주는 적절한 조건이나 환경만 갖춰지면 이들 병원체로부터 감염되어 때로 질병을 앓을 수 있습니다.

인수공통전염병이 발생하려면, 병원체, 숙주, 환경이라는 3가지 요소가 꼭 있어야 합니다. 병원체는 항상 숙주를 위협합니다. 숙주란 병이 발생하는 동물을 말합니다. 환경은 우리들이 살고 있는 공간을 말합니다. 따라서 사람은 병원체와 환경과의 사이에서 균형을 이루고 있을 때에는 건강하지만, 그 균형이 깨지면 곧 질병에 걸리게 되는 것입니다.

한편, 인수공통전염병을 막으려면 숙주와 숙주를 연결하는 '매개체'를 이해하는 것이 중요합니다.

매개체에 의한 질병의 좋은 예로, 2011년에 중국에서 시작되어 2년 뒤 우리나라에서 발생한 '작은참소진드기(*Haemaphysalis longicornis*)'에 의한 질병(중증열성 혈소판감소증 증후군)을 들 수 있습니다. 이들 매개체의 역할을 하는 진드기들은 '변종(?) 분야바이러스(bunyavirus)'를 체내에 지니고 살 수 있습니다. 국내에 서식하고 32종의 참진드기 중에서 '작은참소진드기'가 속하는 헤마피살리스속에는 8종이 보고되어 있으며, 흥미롭게도 이 종(種)이 우리나라에 가장 많이 널리 분포하고 있습니다.

다만, 분야바이러스에 감염된 진드기는 100마리 중 평균 1마리도 채 되지 않아 다행스럽습니다. 사람(특히 면역능력이 약한 노약자들)이 산책하거나 들에 나갈 때, 이 분야바이러스에 감염되어 있는 진드기가 스쳐가는 풀 끝쪽에 붙어 있다가 사람의 피부에 옮겨 붙어 흡혈을 하면 이 바이러스가 사람의 혈액 속으로 들어갑니다. 이 바이러스는 혈액 속에서 증식하면서 우리 몸 안에서 지혈에 중요한 역할을 하는 혈소판을 파괴하여, 소위 중증열성 혈소판감소증(severe fever with thrombocytopenia)을 일으킵니다.

이외에 박쥐에 의해 병원체가 전염되는 니파바이러스 감염증과 헨드라바이러스 감염증은 아열대권으로 변해가는 우리나라의 기후변화를 감안해볼 때 늘 염두에 두어야 할 인수공통전염병입니다. 이 질병들은 우리나라에서 발생한 적이 없지만 우리와 인적 물적 교류가 빈번한 아시아권에서 발생 중인 전염병입니다. 그러나 들쥐 같은 설치류의 배설물에 의해 사람이나 동물들에게 병원체가 옮겨가는 렙토스피라증이나 진드기에 의해 전파되는 쯔쯔가무시병들은 국내에서 사람에게 발생하고 있는 '매개성 전염병'들입니다.

장티푸스, 비브리오패혈증, 이질 등과 같은 질병은 오염된 물에 의해 전파되는 질병이므로 수인성(water-borne) 질병이라고 부릅니다. 이들의 병원체는 순서대로 각각 티푸스균(*Salmonella typhi*), 비브리오균(*Vibrio vulnificus*), 쉬겔라균 등이 됩니다. 현재 과학자들이 밝힌 티푸스균에 속한 살모넬라만 해도 종류가 2000여 종이 넘고, 그 병원성(병원체가 병을 일으키는 능력)은 각각의 종마다 크게 다릅니다.

또한 인수공통전염병은 숙주에 대한 병원체의 침입 방식에 따라, 경구(입), 공기 흡입, 접촉, 토양, 모기 같은 매개체에 의한 발생 등으로 구분할 수 있습니다. 다행인 것은 사실 손만 잘 씻어도 이들 질병의 70%는 막을 수 있다는 점입니다.

동물에게서 동물로 전파되는 전염병에서 볼 수 있는 가장 큰 특징 중 하나는 '종간 장벽(interspecies barrier)'이 있다는 사실입니다. 특정 병원체는 어떤 동물에게는 아무런 증상을 일으키지 않는 반면, 어떤 동물에게는 치명적인 질병을 일으킵니다. 예컨대 '고병원성 조류인플루엔자(highly pathogenic avian ifluenza, HPAI)의 경우, 2011년까지 네 차례에 걸쳐 국내에 발생했는데, 그 병원체는 모두 동일한 H5N1형이었습니다. 이에 감염된 닭이나 메추라기 등은 심한 호흡기 증상과 높은 폐사율을 보인 반면, 오리는 상대적으로 긴 잠복기와 낮은 폐사율을 보였고, 야생오리류는 매우 낮은 폐사율을 보였습니다.

하지만 감염된 동물들 가운데 아무런 증상 없이 병원체만 배출하는 경우(불현성 감염)도 있어서, 이럴 경우 이들로부터 정상 개체들로 병이 퍼져 나가 예방이 힘들어집니다. 2014년에 우리나라에 침입한 HPAI는 H5N8형으로 오리와 닭에서 높은 폐사율을 보였고, 야생오리류(청둥오리, 큰기러기 등)도 죽는 양상을 보였습니다. 결국 같은 병원체라 하더라도 병원체의 아형(subtype)이나 감염 숙주의 종(species)에 따라 질병의 병원성이 다르다는 것을 알 수 있습니다.

조금 더 조류인플루엔자(avian influenza, AI)를 살펴보면, 이 질병은 주로 직접적인 접촉에 의해서 이루어집니다. 이 바이러스에 감염되어 질병이 왕성하게 진행 중인 닭의 똥 1그램에는 10만 마리에서 100만 마리의 건강한 닭을 감염시킬 수 있는 고농도의 병원체 바이러스가 들어 있습니다. 이 바이러스는 분변에 오염된 차량, 사람, 사료, 사양 관리기구 등을 통해 순식간에 여러 지역으로 퍼져 나가게 됩니다. 가까운 거리는 오염된 쥐나 야생조류에 의해 전파될 수 있습니다. 이외에 닭장 안의 아주 근접한 거리에서는 오염된 물·사료, 기침할 때 나오는 비말(미세 방울) 등에 의해서도 전염될 수 있고, 바로 인접한 농가 간에는 바이러스에 오염된 부유물이 바람에 실려와 이 질병이 전파될 수 있습니다. 브루셀라증은 브루셀라라는 세균에 감염된 개, 소, 돼지, 사람 등에서 발생하는데, 개나 고양이에게는 큰 문제가 되지 않는 반면 소에게는 유산 등을 일으켜 법정전염병으로 정해져 있습니다. 사람에게 발생하면 고환염, 관절염 등 심각한 증상을 일으킵니다.

그러면 인수공통전염병은 왜 확산이 되는 것일까요? 우선 지구온난화 같은 급격한 기후 변화, 대규모 댐 건설, 생태계 교란 등 다양한 변수들이 작용해 진드기나 모기 등과 같은 매개체가 폭발적으로 증가하는 것과 관련이 있습니다.

주요 인수공통전염병

감염원	병명	병원체	감염 원인	주요 증상
개	광견병	바이러스	감염원에 긁힘, 물림	지각마비, 혼수, 사망
	고양이교상병	세균 외	물림, 긁힘	전신권태, 발열, 림프절 종창, 관절통, 물린 부위의 구진 등
	브루셀라증	세균	배설물이나 혈액 등과 접촉	오한, 발열, 두통, 관절통 등
	렙토스피라증	세균	소변과 병원체에 오염된 물과의 직간접 접촉	전신권태, 오한발열, 두통, 근육통 중증인 경우 : 황달, 출혈 경향 등
	살모넬라증	세균	배변이나 동물과의 접촉, 간접 접촉	구토, 하리, 복통 등 식중독 증상
	피부사상균 감염증	진균	감염 동물과의 직간접 접촉	피부 소양감, 소결절, 탈모 등
	톡소플라즈마증	기생충	생고기나 고양이 분변에 존재하는 원충의 경구 섭취	이 기생충에 대한 항체가 없는 임산부가 감염될 경우, 태아에 뇌수종, 신경운동장애 유발
새	앵무새병	세균	감염 새의 배설물 흡입, 경구섭취	전신권태, 오한발열, 두통, 근육통, 건성 기침 등의 호흡기 증상
	크립토코커스 감염증	진균	야생 비둘기나 조류 판매점의 분진 흡입	발증은 드묾. 다양한 임상 증상

감염원	병명	병원체	감염 원인	주요 증상
원숭이	적리	세균, 원충	감염 동물의 분변과의 직간접 접촉	세균-급성대장염, 발열, 구토 아메바성-점액성 혈변, 복통, 간농양
	B바이러스	바이러스	감염 동물의 타액과의 접촉	급성 상행성척수염, 사망
	에볼라출혈열	바이러스	감염 동물과의 접촉	출혈 경향, 사망률이 높음
설치류	신증후성출혈열	바이러스	감염 동물 배설물과 접촉 혹은 흡입	발열, 출혈 경향
	야토병	세균	감염 동물의 혈액 혹은 조직과의 접촉	오한, 발열, 림프절 종창 등
	페스트	세균	감염된 쥐를 흡혈한 벼룩에 물림	패혈증, 중독 증상, 쇼크 등
	렙토스피라증	세균	감염 동물의 오줌이나 병원체에 오염된 물과 직간접 접촉	전신권태, 오한, 발열두통, 근육통 중증일 경우 : 황달이나 출혈 경향

※ 아사노 기미 외, 『애완동물 간호를 위한 내과학』 참조.

　더구나 농업 생산성의 획기적인 증대로 세계 인구가 빠르게 증가하고 있을 뿐만 아니라, 교통수단의 놀라운 발달로 세계 어느 곳이나 24시간 이내로 사람과 교역물의 이동이 가능한 시대가 되었습니다. 오늘날, 세계무역기구(WTO)와 자유무역협정(FTA) 등과 같은 세계경제 체제가 모든 나라에 개방을 요구하고 있고, 그에 따라 국가 간 사람과 가축의 이동은 물론 농축산물 거래가 날로 빠르게 증가하고 있습니다. 이로 인해 인수공통전염병의 전파율과 발생위험률 역시 높아지고 있는 상황입니다. 지난 고병원성 조류인플루엔자의 발생에서 보는 것처럼, 교통과 운송수단이 발달한 나라들은 아프리카같이 도로 사정이 나쁜 나라보다도 아이러니하게도 각종 전염병이 훨씬 빠르게 전파되기도 합니다. 좁은 지역단위로 보면, 전염병이 발생할 때 대규모 공연장, 극장, 경기장, 시장 등이 많은 곳일수록 질병에 걸리기 쉬운 사람들이 질병에 이미 걸린 사람과 접촉(특히 호흡기 전파가 가능한 전염병들)할 가능성이 높아 질병이 확산될 위험성이 높습니다. 이렇게 전염병이 발생하게 되면 정부는 그러한 장소들을 잠정 폐쇄하는 조치를 취하게 됩니다.

신종 인플루엔자의 대유행

신종 인플루엔자는 때때로 전 세계적으로 대유행을 하는 대표적인 호흡기 감염성 인수공통전염병입니다. 2009년의 경우를 보면, 그해 4월부터 멕시코를 중심으로 감염자가 발생하기 시작한 A형(H1N1) 신종 인플루엔자(독감) 바이러스는 분자유전학적으로 돼지 인플루엔자 바이러스에서 유래한 병원체로 확인되었습니다. 즉 이들 바이러스가 돼지에서 유행

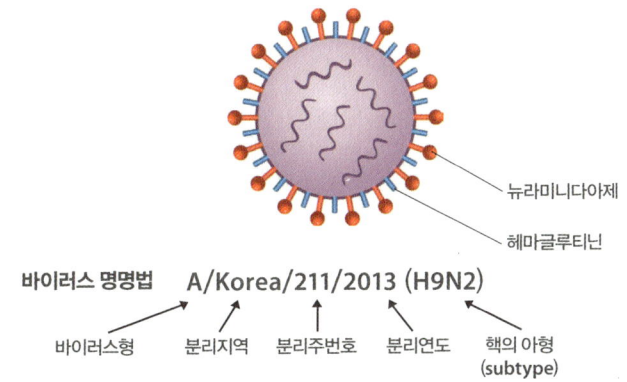

인플루엔자 바이러스는 헤마글루티닌(H)과 뉴라미니다아제(N)의 아형에 따라 144종으로 구분할 수 있다.

되다가 사람으로 옮겨온 것이라는 뜻입니다. 이 질병은 걷잡을 수 없을 정도로 빠르게 세계의 주요 나라로 확산되었고, 결국 그해 6월 12일, 세계보건기구(WHO)는 신종 인플루엔자의 대유행(pandemic)을 선언하기도 했습니다.

사람에 발생하는 인플루엔자 바이러스는 A, B, C형이 있으나, 현재, 조류와 돼지 등에 발생하는 바이러스는 A형입니다. A형 바이러스는 바이러스 표면항원들인 H형(18가지)과 N형(11가지)으로 세분(아형 분류)할 수 있으며, 이것들의 배합에 따라 총 198가지의 아종으로 구분됩니다. 우리나라에서 발생하는 인플루엔자 바이러스 유행형은 이 198가지 중에서 발생하며, 해마다 예년에 비해 같은 형 혹은 다른 형이 발생할 수 있습니다. 때로는 한 가지가 아닌 여러 종류의 바이러스 아형들이 발생할 수도 있습니다. H는 헤마글루티닌(hemagglutinin)의 약자로 바이러스가 세포에 침입할 때 사용하는 단백질이고, N은 뉴라미니다아제(neuraminidase)의 약자로 바이러스가 증식할 때 사용하는 단백질입니다. 신종 인플루엔자 치료약인 타미플루와 리렌자는 바이러스의 뉴라미니다아제의 활동을 방해하기 때문에, 조기에 투약하면 바이러스가 더 이상 증식하지 못해 치료 효과가 나타납니다. 2009년에 대유행한 인플루엔자 바이러스는 A형 바이러스였으며, 그 아형이 H1N1이었습니다.

한편, 어떤 숙주(종)에서 분리된 인플루엔자 바이러스에 대해 유전자 분석을 해서 동종에서 유래된 것일 경우 동종(homogolus) 바이러스라고 하고, 다른 한 숙주에서 유래된 것일 경우 이종(heterogous) 바이러스라고 하며, 동종이 아닌 한 종 이상의 다른 종들로부터 유래되었을 경우 재조합(recombinant) 바이러스라고 합니다. '신종' 인플루엔자의 경우, 한 동물(숙주)의 몸속에 여러 다른 종의 동물(숙주) 혹은 사람(숙주)으로부터

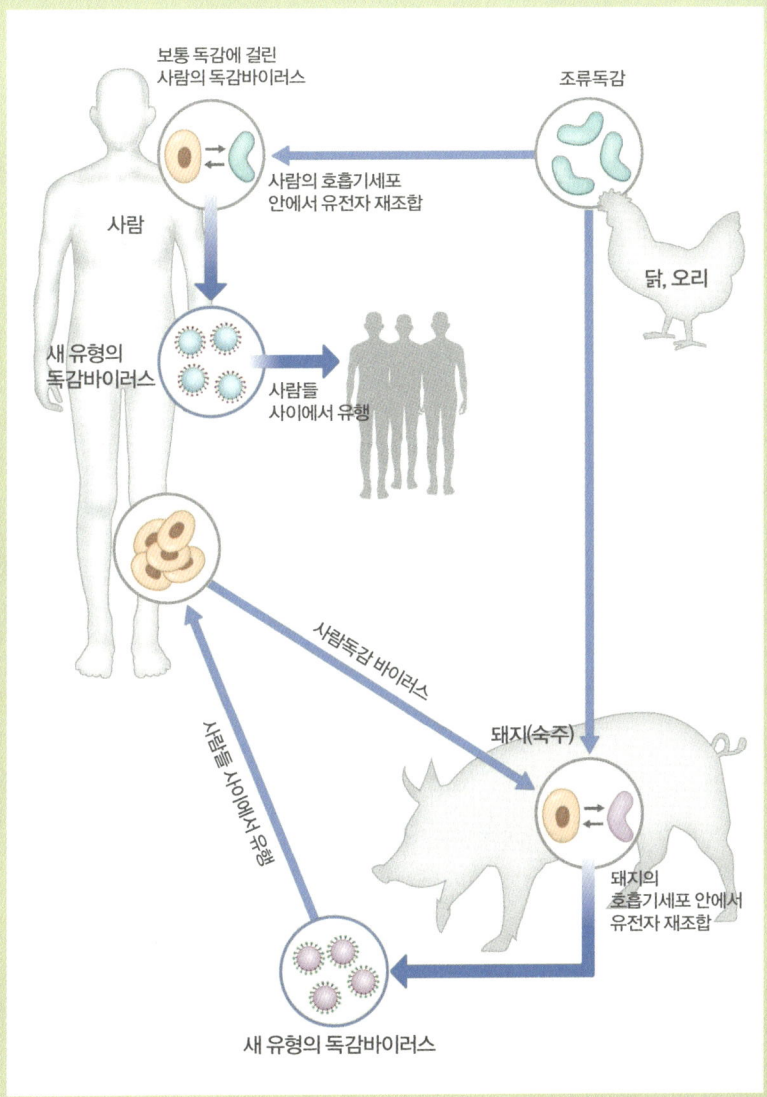

각종 인플루엔자 바이러스 유전자가 재조합되면 새로운 유형의 재조합 바이러스가 등장한다. 그림에서 보듯이 '사람과 사람 간의 전파'가 가능한 인플루엔자 바이러스의 아형이 출현하는 것을 소위 '인플루엔자 대유행(pandemic)'이라 한다. 이러한 대유행은 인류 역사상 수차례 반복되어왔다. 그러나 앞으로 발생할 수 있는 인플루엔자 대유행은 오늘날의 폭발적인 인구 증가와 대도시에 인구가 밀집되어 있는 주거 형태(우리나라도 인구의 70% 이상이 아파트에 살고 있다)를 감안해볼 때, 예측할 수 없는 인류의 큰 재앙이 될 수 있다는 데 그 심각성이 있다. 다행히 우리나라는 이 같은 대유행에 대비한 예방약 생산 시스템을 갖추고 있다.

유래된 인플루엔자 바이러스가 함께 들어와 유전학적으로 섞여 새로운 아형을 만듭니다. 이것을 재조합(recombination)이라고 하며, 그렇게 만들어진 바이러스를 재조합 바이러스라고 합니다. 동종이나 이종끼리 바이러스가 섞이는 것보다, 여러 종의 바이러스 유전자가 섞여 재조합될 때 흔히 예전과 완전히 다른 바이러스의 특성을 지닐 수 있습니다. 예컨대 H5N1형 조류 독감바이러스는 원래 닭에게서만 발병했지만, 변이를 일으킨 H5N1형 바이러스는 사람에게 들어와 체내에 잘 정착하고 증식해 질병을 일으킬 수 있습니다.

역사상 큰 피해를 일으킨 독감으로는 1918년의 스페인독감(H1N1), 1957년의 아시아독감(H2N2), 1968년의 홍콩독감(H3N2) 등이 있습니다. 스페인독감은 사망자만 해도 5000만 명에서 1억 명 정도에 달했던 것으로 알려져 있습니다. 아시아독감은 발생했을 당시 100만 여 명, 홍콩독감은 70만 명이 죽었습니다.

종의 다양성은 질병을 억제시킬 수 있다

그러면 어떻게 하면 전염병을 감소시킬 수 있을까요? 한 가지 흥미로운 질병생태학 이론이 있습니다. 질병을 일으키는 매개체의 종이 다양하면 다양할수록 질병이 억제된다는 이론입니다. 가령 말라리아(학질)의 경우, 이 질병의 매개체인 말라리아 모기가 생태계 변화로 모기의 종이 다양하지 않게 되면 말라리아 모기의 서식 밀도가 높아져 결국 매개체의 수가 억제되지 않고, 그러면 말라리아 발생률이 높아진다는 것입니다. 즉 많은 모기 종 가운데 무해한 모기 종이 밀려나고 말라리아 모기만 창궐하게 되면, 말라리아 발병률이 증가할 수밖에 없게 됩니다. 반면 종이 다양해지면, 희석 효과를 일으켜 질병이 종전보다 덜 발생하게 된다는 것입니다. 특히 매개체들의 서식지였던 숲이 벌채나 개발로 파괴되면 종이 감소하게 되고 그 결과 질병은 더 증가할 수 있습니다.

또 다른 좋은 예로 최근 미국 북동부 지역에서 발생률이 높아진 라임병(lyme disease)을 들 수 있습니다. 라임병은 치명적인 신경계 장애를 일으키는 인수공통전염병입니다. 이 질병의 병원체는 라임 박테리아입니다. 이 박테리아는 진드기 속에 있다가 동물들을 통해 사람에게 감염됩니다. 진드기의 숙주 가운데 흰발생쥐는 라임병을 옮기는 대표적인 동물입니다. 지빠귀나 날다람쥐 같은 동물들은 라임병을 옮기지 않는 동물입니다. 그런데 생태계의 변화로 지빠귀, 여우, 날다람쥐, 올빼미의 개체 수가 줄어들고, 흰발생쥐의 개체 수가 늘어나자 덩달아 라임병이 더 증가했습니다. 라임 박테리아를 옮기지 않는 동물들이 줄어들자 인간에게 피해를 주지 않는 진드기 수도 줄어들었던 것입니다. 종의 다양성에 따른 매개체의 희석 효과를 거두려면 생물 종이 균형을 이루며 다양하게 분포되어야 하는데, 그렇지 않아서 결국 사람(숙주)에게로 병원체가 옮겨질 가능성이 높아졌던 것이라 분석할 수 있습니다.

인수공통전염병과 광우병

미국의 과학자 D. 칼턴 가이듀섹(D. Carleton Gajdusek) 박사는 1950년대에 파푸아뉴기니 섬에 들어가 포레족의 식인 습관을 연구했습니다. 이 포레족에게서는 쿠루(Kuru)라는 이름의 특이한 중추신경질환이 나타났는데, 가이듀섹 교수는 이 질병을 인간의 뇌를 먹은 풍습과 연관 지어서 설명했습니다. 그는 이 연구 업적으로 1976년 노벨상을 받았습니다.

　여기서 가이듀섹 박사를 언급하는 이유는 그가 광우병의 첫 원인을 밝혔다는 평가를 받기 때문입니다. 광우병은 소에 발생되는 신경성 질환으로, 이 병에 걸린 소의 뇌는 뉴런에 변형이 생겨 현미경 검사를 하기 위해 화학물 처리를 하고 나면 이 변형 부위가 빠져나가 마치 스펀지처럼 구멍이 난 것으로 보입니다. 그래서 이 병은 소해면상뇌증(bovine spongioform encephalopathy)이라고도 불립니다. 광우병은 변형 프리온(prion) 단백질이 포함된 반추동물(소, 염소 등)의 뼛가루 자체나 이 뼛가루가 포함된 사료를 소가 먹은 후, 긴 잠복기(감염부터 임상 증상이 발생하는 시간)를 거쳐 소의 뇌 조직에 변형 프리온 단백질이 축적되면서 증상이 발병합니다. 이 변형 프리온 단백질의 존재를 처음으로 밝힌 과학자는 미국의 스탠리 프루시너(Stanley Prusiner) 박사입니다. 그는 이 업적으로 1997년 노벨상을 받았습니다.

　20세기 말 광우병이 세계적인 주목을 받게 된 연유는, 1996년 이 질병이 뇌질환 '크로이츠펠트-야콥병'의 일종인 '변형 크로이츠펠트-야콥병(vCJD, 일명 인간광우병)'의 발병과 관련이 있다는 역학보고 때문이었습니다. 이 vCJD는 시간이 지날수록 몸의 움직임이 둔해지고 치매가 심해지며, 결국에는 움직일 수도 말할 수도 없는 상태에서 사망하게 되는 치명적인 신경성 질환입니다. 현재 vCJD의 발생이 '광우병'을 일으키는 변형 프리온과 상관성이 있다고 보기 때문에 '광우병'은 인수공통전염병으로 간주됩니다. 21세기에 들어와 집중적인 발생역학 연구로 베일에 싸였던 '광우병'의 발생 경로가 알려졌습니다. 광우병은 변형 프리온에 오염된 반추동물의 뼛가루가 원인이었습니다. 그래서 소 사료 안에 동물성 단백질의 사용을 금지한 이후 소에서의 광우병 발생은 급격히 줄어들었고, 이

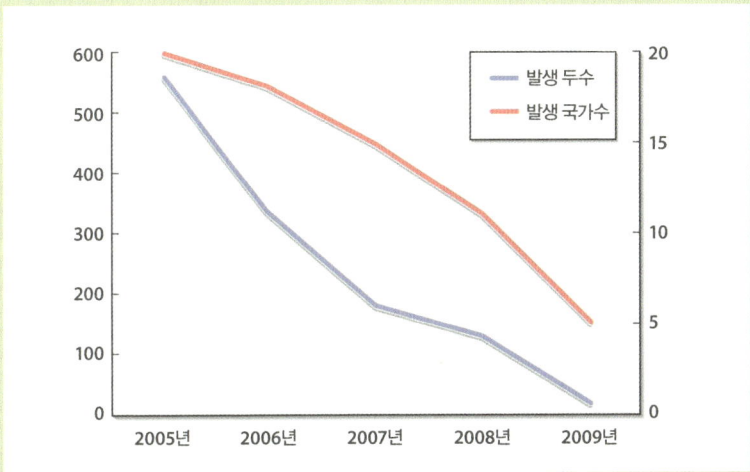

광우병(소해면상뇌증)의 발생 원인(동물성 사료 첨가)이 밝혀짐에 따라, 2005년 이후 광우병이 발생한 소 개체 수가 급감했다. 주 발생국인 영국의 경우 1995년에 1만 4562두에서 2003년에 611두로, 2012년에는 3두로 줄어들었다. 참고로, 광우병과 관련해 사람에게 발생하는 변형 크로이츠펠트-야콥병(vCJD)은 1995년 처음 영국에서 확인된 이래 2011년 3월까지 224명(영국의 175명을 비롯해 프랑스, 스페인, 아일랜드, 네덜란드, 미국, 캐나다, 이탈리아, 포르투갈, 일본 등에서 49명)이 발생했으나 영국에서도 '소 사료에 대한 동물성 단백질 첨가 금지'가 이뤄진 이후, 2004년부터 한 자릿수로 줄어들었고, 2012년은 단 한 명의 사망자도 발생하지 않았다.

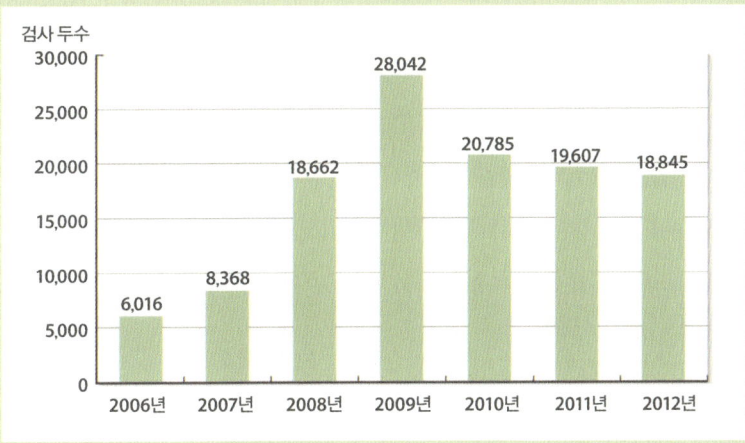

국내 사육 중인 소들에 대한 연도별 광우병 검사 두수를 나타낸 표이다. 2006년부터 7년간 약 12만 두의 소 뇌 조직을 대상으로 광우병을 검사한 결과 단 한 마리도 양성으로 검출되지 않았다. 따라서 우리나라는 현재 세계동물보건기구(OIE)에서 광우병 무발생국가로 인정받고 있다. (자료출처 : 축산검역본부)

와 함께 인간광우병의 발생 역시 현격히 감소했습니다.

현재 광우병에 걸린 소를 감시 프로그램에 의해 색출해내고, 도축 전 검사를 강화함으로써 광우병의 발생은 세계적으로 크게 줄어들었습니다.

이러한 긍정적인 상황 변화는 '광우병'에 대한 원인과 전파 경로에 대한 지식이 쌓이고, 그를 이용한 예방 정책들이 효과를 거두고 있다는 것을 의미합니다. 우리나라는 광우병이 발생한 적이 없는 무발생국가입니다.

여러 가지 인수공통전염병이 전달하는 핵심 메시지 중 하나는 인류가 동물 복지와 자연친화적 접근에 관심을 기울이지 않을 경우, 사람들에게 인수공통전염병이 더 많이 발생할 것이라는 일종의 경고라고 할 수 있습니다. '사람과 동물 사이의 환경친화적 관계(human and animal bond)'를 유지하는 것은 지금 인류가 직면한 중요한 과제입니다.

전염병 예방 분야의 선구자라 할 수 있는 프랑스 과학자 루이 파스퇴르(Louis Pasteur)는 "인생을 다시 살 수 있다면 어떤 직업을 택하겠는가?"라는 질문에 "나는 기꺼이 과학자의 길을 가겠노라"라고 대답했습니다. 무엇이 그를 그토록 확신에 찬 어조로 말할 수 있게 했을까요? 의심할 여지없이, 과학의 세계가 창조적인 생각과 인류 복지에 기여할 수 있는 열정을 담아내는 곳이기 때문입니다. 지금 여러분의 꿈이 무엇이든 간에 한 가지 보람 있는 길을 제시할 수 있습니다. 인류에게 가장 크고 긍정적인 영향력을 줄 수 있는 삶을 누리고 싶다면, 무한한 상상력으로 지식 탐험을 즐길 수 있는 과학 세계로 발을 힘차게 내딛기를 바랍니다. 그 열매는 여러분 개인의 성취뿐만 아니라 우리나라를 넘어 세상의 주인공이 될 기회를 선사할 것입니다.

청소년의 뇌는 어떻게 다를까

김경진 대구경북과학기술원 뇌인지과학과 석좌교수

서울대를 졸업하고, 미국 일리노이대학교에서 박사학위를 받았다. 서울대학교 생명과학부 교수, 서울대학교 인지과학협동과정 겸임교수를 거쳐 대구경북과학기술원 뇌인지과학과 석좌교수로 재직 중이다. 현재 성조숙증 등 신경내분비질환 치료 관련 연구를 진행 중이다. 국가지정연구실 발생신경내분비연구실 실장, KIST 뇌신경생물학사업단 부단장을 거쳐, 현재 뇌기능 프론티어사업단 단장을 맡고 있다. 과학기술우수논문상(1991), 목암생명과학상(1997), 대한민국 학술원상(2010)을 수상했다. 저서로는 『신경호르몬』(공저)이 있다.

청소년 시기의 뇌는 어른의 뇌와 어떻게 다를까요? 청소년 시기에는 급격한 신체 변화가 나타납니다. 여자아이는 에스트로겐이라는 여성 호르몬에 의해 여성의 성징이 나타나게 되고, 남자아이는 테스토스테론이라는 남성 호르몬에 의해 근육질이 발달하는 등 급속도로 남성화됩니다. 사람마다 정도가 다르긴 하지만, 굉장히 변화무쌍한 시기가 바로 청소년 시기입니다. 여기서 저는 신경과학이라는 분야를 잠깐 소개하고, 우리의 뇌가 어떻게 진화하고 발달되어왔는지, 그리고 청소년 시기의 뇌가 어떤 특징을 지니는지 등을 다뤄볼까 합니다.

최후의 프런티어, 뇌과학

신경과학(Neuroscience)은 21세기 과학기술이 직면한 가장 중요한 도전이자, 과학 분야의 마지막 프런티어입니다. 뇌의 신비는 여전히 풀리지 않고 있습니다. 그래서 뇌를 소우주라고도 얘기합니다. 굉장히 많은 과학자들이 뇌의 신비를 밝히려고 애쓰고 있으며, 최근 20~30년 사이에 신경생물학적 연구가 크게 진전되었습니다.

뇌를 연구할 때의 기본단위는 신경세포입니다. 신경세포를 이해함으로써 궁극적으로 인간의 뇌를 이해하고자 하는 것은 신경생물학의 한 연구 방법이라고 할 수 있습니다.

간단해 보이지만, 신경과학은 범위가 넓습니다. 신경세포를 이루는 분자 또는 세포, 세포들이 모여서 이루는 신경계, 신경계의 활동으로 나타나는 행동, 고등인지 기능, 수리적인 모델링 등 신경과학의 연구 스펙트럼은 매우 광범위합니다. 그래서 밖에서 보기에 신경과학은 굉장히 어려워 보입니다. 실제로도 좀 어려운 면이 있습니다. 그러나 기본 틀은 아주 간

단합니다.

잠시, 다음에 나오는 부부의 대화를 엿들어봅시다. 남편이 회사에서 돌아와서는 맥주를 마시며 심란한 표정으로 TV만 봅니다. 아내가 남편에게 말을 겁니다. "What's matter(무슨 일 있어요)?" 남편이 대답합니다. "Never mind(신경 꺼요)."

일반적으로 'matter'는 물질이고, 'mind'는 정신입니다. 서양에서는 일상생활에서 물질과 정신을 섞어서 사용합니다. 저는 이 간단한 대화에서 신경과학이 지향하는 바를 볼 수 있다고 생각합니다. 데카르트 이후 물질과 마음을 구분하는 이원론적인 사고가 서구사회를 지배해왔지만, 최근의 신경과학은 물질과 마음을 구분하지 않습니다. 신경생물학은 마음을 물질적으로 설명하려고 합니다. 현대 신경과학의 지향점이자 목표는 신경생물학적 언어로 우리가 흔히 말하는 고차원적인 정신 활동까지 설명하는 것입니다.

신경과학은 크게 두 가지, 하드 뉴로사이언스(Hard Neuroscience)와 소프트 뉴로사이언스(Soft Neuroscience)로 나뉩니다. 하드 뉴로사이언스는 세포나 분자 수준에서 뇌의 구조와 기능을 연구하고자 하고, 소프트 뉴로사이언스는 철학, 심리학, 사회학의 범주에 속했던 인식론, 감정, 언어를 생물학적인 언어로 설명하고자 합니다. 즉 신경과학은 생물학적인 현상을 물질론적인 입장에서 해석하는 것이라 할 수 있습니다.

17세기 프랑스 철학자 르네 데카르트는 유명한 말을 남겼습니다. "나는 생각한다. 그러므로 나는 존재한다." 인간의 사고, 추론 능력이 얼마나 중요한지를 강조한 코기토 명제입니다. 그러나 이 말은 사실이 아닐 수도 있습니다.

만일 우리에게 뇌가 없다면, 우리는 과연 생각할 수 있을까요? 뇌는 생

나는 생각한다. 그러므로 나는 존재한다.
Cogito, ergo sum.
– 르네 데카르트

나는 존재한다. 그러므로 나는 생각한다.
Sum, ergo cogito.
– 미구엘 드 우나무노

나는 느낀다. 그러므로 나는 존재한다.
Tactus, ergo sum.
– 조반니 카사노바

논리적으로, 존재 없이 우리가 생각할 수 있을까? 우나무노의 "나는 존재한다. 그러므로 나는 생각한다"가 더 설득력을 갖춘 이유는 뇌가 있어야 생각할 수 있기 때문이다. 카사노바의 자서전에는 "나는 느낀다. 그러므로 나는 존재한다"라는 문구가 적혀 있다고 한다. 외부의 정보를 받아들이는 감각의 중요성을 강조한 명제다.

명현상을 지배합니다. '뇌가 있다'는 사실이 생각한다는 것보다 더 앞선 것입니다. 그래서 미구엘 드 우나무노라는 철학자는 이 말을 바꿔 다음과 같이 얘기했습니다. "나는 존재한다. 그러므로 나는 생각한다." 논리적으로 보면, 존재 없이 우리가 생각할 수 없기 때문에 우나무노의 명언이 더 설득력이 있다고 볼 수 있습니다.

18세기 이탈리아에 조반니 카사노바라는 사람이 있었습니다. 아주 유명한, 세기의 호색한이었습니다. 유럽의 귀부인뿐 아니라 하녀까지 굉장히 자유롭게 많은 여인과 연애했던 사람입니다. 이 사람의 자서전에는 "나는 느낀다. 그러므로 나는 존재한다"라는 문구가 적혀 있습니다. 느낀다는 것은 굉장히 중요한 것입니다. 모든 생명체는 일정한 환경 속에서 살고, 우리는 외부의 환경을 오감을 통해 받아들입니다. 그 정보는 뇌로 전달되고, 뇌의 판단에 따라 때때로 행동으로 표출됩니다. 그래서 느낀다는 것은 신경과학에서 굉장히 중요한 요소입니다. 외부에서 오는 정보를 뇌가 처리한다는 것이 '존재'를 의미한다고도 볼 수 있습니다.

신경과학은 인간의 뇌를 이해하고 나아가 인간의 정체성을 이해하고자 합니다. 인간의 뇌를 이해한다는 것은 그 자체로도 중요하지만, 퇴행성 뇌질환, 파킨슨병, 치매, 유전질환, 뇌졸중 등 많은 신경질환을 치료하는 데에도 중요한 일입니다.

생물학자들은 신경세포 하나하나를 이해하고자 합니다. 간단히 보면, 신경세포는 보통 세포와 큰 차이가 없습니다. 핵도 있고, 미토콘드리아도 있고, 소포체도 있습니다. 차이가 있다면 가지치기가 많다는 것입니다. 하나의 신경세포에는 다른 신경세포로 신호를 전달하는 축삭돌기와 다른 신경세포와 신호를 주고받는 수상돌기가 있습니다. 또 뇌 속에서는 신경세포 수가 굉장히 많습니다. 대략 1000억 개의 신경세포가 있다고 추정하고 있습니다. 하나의 신경세포는 다른 신경세포 1000~1만 개와 시냅스를 이루고 있기 때문에, 신경세포들이 이루는 신경망의 개수는 1000조 개 이상이 됩니다. 가히 천문학적인 수라고 할 수 있습니다. 이처럼 압도적인 신경세포 수와 신경망 수로 인해, 신경계에 대한 연구는 어려울 수밖에 없습니다. 그래서 많은 과학자들은 신경세포 하나를 연구함으로써 전체를 볼 수 있다는 가정하에, 하나씩 들여다보는 방식을 택하고 있습니다.

그러나 아무리 신경세포가 복잡하다고 할지라도 생명체의 한 부분입니다. 지구 상에 존재하는 모든 생명체를 꿰뚫는 하나의 기본 가설이 있습니다. 바로 분자생물학의 센트럴 도그마(central dogma)입니다. 생명의 정보는 DNA의 염기서열에서 RNA로 전사되고, RNA에서 단백질이 번역되며, 그 반대 방향으로 정보가 전달되지 않는다는 가설입니다. 이는 지구 상에 존재하는 생명체에 공통적으로 적용됩니다. 신경과학도 이 범주에서 크게 벗어나지 않습니다.

뇌, 생명현상의 사령탑

자, 그럼 현대 신경과학 분야의 과학자들이 어떤 실험적인 접근을 하는지 잠깐 살펴보겠습니다.

모든 생명체의 핵 속에는 유전자가 있습니다. 발생 초기에는 유전적인 지배를 받게 되어 있습니다. 그리고 생명체마다 독특한 발생 프로그램을 갖고 있습니다. 이 발생 프로그램에 의해 신경계에선 신경세포가 만들어지고, 다른 신경세포와 연결되고 죽습니다. 그러나 이렇게 유전적으로 만들어지지만, 발달 과정에서 어떤 환경에 처하느냐에 따라 신경세포에 구조적인 변화가 동시에 일어납니다.

이런 일련의 현상은 전사 과정에서 많이 일어납니다. 어느 정도 발생이 진행된 다음에 신경세포와 신경세포 사이에서 이뤄지는 정보의 교류들이 모여 신경망(신경 네트워크)이 형성됩니다.

현대 신경과학의 주된 모토는 신경망의 아주 미세한 부분인 분자와 어떤 개체의 행동과의 연관성을 이해하고자 하는 것입니다. 즉 분자를 들여다보는 것입니다. 사람을 상대로 실험하기는 굉장히 어렵기 때문에 주로 예쁜꼬마선충, 군소, 초파리, 생쥐가 실험동물로 사용됩니다. 원숭이가 실험동물인 경우도 있지만, 국내에서는 거의 없다시피 합니다.

신경과학은 다양한 학문이 융화된 다학제적 분야입니다. 역사적으로 볼 때, 두 가지의 연구방법이 주류를 이뤘습니다. 하나는 신경해부학적인 연구이고, 다른 하나는 전기생리학적인 연구입니다. 그러나 최근 20~30년 사이에 분자세포생물학 분야에서 급격한 발전이 이루어졌습니다. 유전자조작 기술과 발생유전학적 기술이 더해지면서, 분자세포 수준에서의 연구가 활발히 이루어졌습니다. 이런 분자생물학의 발전에 힘입어 수많은 이온 채널, 수용체의 유전자 구조, 신호전달 체계가 규명되었고, 이것은 신경질환의 분자생물학적·신경유전학적 연구로 이어지고 있습니다. 더욱이 뇌 기능을 실시간으로 볼 수 있는 기능성자기공명영상장치(fMRI), 양전자방출단층촬영기(PET)와 같은 첨단영상 기계의 발달로, 인지신경과학이 크게 발전했습니다. 신경영상 연구는 맞춤형 뇌지도 작성, 뇌 활성의 개인차 영상화, 고등인지 기능에 대한 연구로 이어지고 있습니다.

세계적인 인지과학자 대니얼 대닛(Daniel Dennett)은 다음과 같이 언급한 적이 있습니다. "19세기 인류학은 야만인을 통해서 인간을 이해하고자 했고, 20세기 초반 프로이트의 정신분석학은 어린 아이를 통해 인간을 이해하고자 했으며, 20세기 후반 인지과학은 컴퓨터를 통해 인간의 어떤 능력을 이해하고 했다. 생리적인 관점에서 설명할 수 없는 인지적 경험의 속성은 없다. 그런 속성이 존재한다고 믿을 만한 근거도 없다. 인간 본능에 대한 질문 중 생물학을 무시한 질문은 일고의 가치도 없다." 인지과학은 속성상 컴퓨터를 이용해 고등인지 기능을 연구하는 학문입니다. 이 분야의 석학조차 생물학적인 관점을 배제하는 것이 일고의 가치도 없다고 언급한 것은 신경생물학적인 연구가 얼마만큼 중요한지를 시사합니다.

뇌의 구조와 진화

먼저 인간 뇌의 진화에 대해 살펴보겠습니다. 진화적으로 보면, 파충류의 뇌라고 하는 '생존의 뇌'가 가장 먼저 나타납니다. 뇌 안쪽에 자리 잡은 중뇌와 소뇌는 호흡과 심장박동을 조절합니다. 그 다음에는 '감정의 뇌'가 발달했습니다. 우리는 여러 환경에 대처하는 하나의 방편으로, 사랑을 느끼고, 공격적으로 반응하고, 위험에 자신을 방어하고, 슬픔을 느끼는 등 다양한 감정을 표출합니다. 이런 감정을 관장하는 곳은 편도체를 포함한 변연계입니다. 그 다음으로 '생각의 뇌'가 발달했습니다. 이 '생각의 뇌'는 인간에게서 가장 크게 발달했습니다.

뇌는 좌반구와 우반구로 나뉘며, 대뇌의 앞부분을 전두엽(이마엽), 윗부분을 두정엽(마루엽), 옆부분을 측두엽(관자엽), 뒷부분을 후두엽(뒤통수엽)이라고 합니다. 전두엽은 사고하고 계획을 세우는 부분입니다. 두정엽에는 외부에서 들어오는 각종 감각을 인지해서 각 기관에 운동 명령을 내리는 운동중추가 있습니다. 측두엽은 언어 등을 관장합니다. 후두엽에는 시각을 관장하는 중추가 있습니다. 뇌의 맨 끝에 붙어 있는 부분은 뇌하수체인데, 이곳에서는 호르몬이 분비됩니다. 호르몬의 분비를 관장하는 이 부분을 시상하부라고 합니다. 시상은 외부에서 들어오는 모든 감각 정보가 모이는 정거장 같은 곳입니다. 좌뇌와 우뇌를 잇는 것은 뇌량입니다. 이렇게 몇 가지만 크게 알아두면, 신경과학의 해부학적인 이야

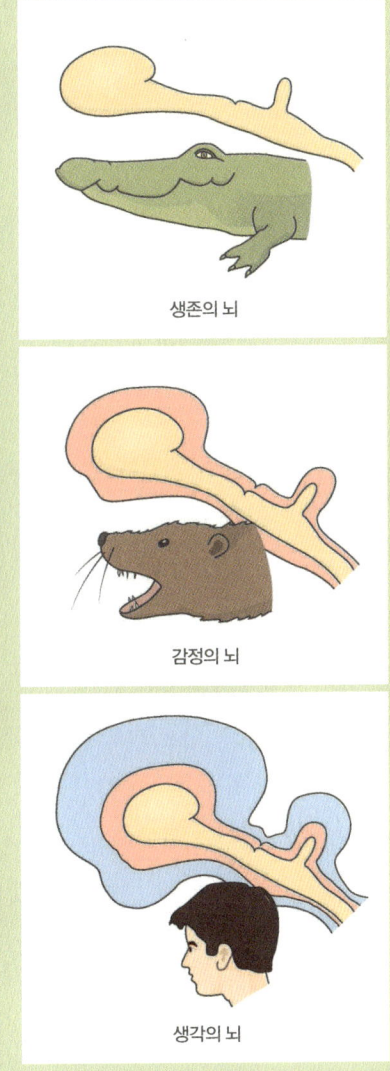

인간의 뇌는 '생존의 뇌', '감정의 뇌'에서 '생각의 뇌'로 진화했다.

동물별 뇌 무게의 비율

동물	뇌 무게(g)	체중과 비율
거북	7.5	1:10280
코끼리	4660	1:439
소	450	1:1000
고양이	32	1:128
원숭이	80.5	1:90
인간	1375	1:41

기를 어느 정도는 알아들을 수 있을 겁니다.

　인간의 뇌 무게는 1300~1400g 정도 됩니다. 뇌 무게는 전체 몸무게의 2~3%에 불과합니다. 그러나 에너지 소비량은 전체 에너지 소비량의 20%가 넘습니다. 이것은 뇌의 대사량이 굉장히 활발하다는 것을 의미합니다. 혈류량도 굉장히 많습니다. 뇌는 좌뇌와 우뇌로 나뉘는데, 좌우가 완전히 똑같지는 않고 약간 비대칭적입니다.

　다른 동물의 뇌를 보면, 거북이는 뇌의 무게가 아주 가벼워서 체중의 1만 분의 1 정도입니다. 코끼리의 뇌는 사람에 비해 굉장히 무겁지만, 그렇다고 해서 코끼리가 사람보다 영리하다고 볼 수는 없습니다. 전체 체중에서 뇌 무게의 비율은 코끼리가 사람에 비해 낮습니다. 이렇게 보면 무게가 별로 중요한 것 같지는 않습니다.

뇌 발달과 호르몬

이제 본격적으로 청소년의 뇌에 초점을 맞추겠습니다. 과연 청소년의 뇌는 안정할까요? 섹스, 정크푸드, 알코올, 약물 등에 상처받기 쉬운 뇌일까요?

사춘기에 접어들게 되면 여자아이의 뇌하수체에서 황체형성 호르몬(luteinizing hormone, LH)이 분비되고, 이것은 한 달에 한 번꼴로 배란을 일으킵니다. 이때 수정이 이루어지지 않게 되면 자궁막이 허물어져 내리는데, 이것을 월경이라고 합니다. 보통 12~13세 때 월경이 시작되고, 여자아이의 신체에는 가슴이 커지는 등 2차 성징이 나타납니다. 남자아이는 어깨가 벌어지고 근육이 생깁니다. 이런 2차 성징은 성스테로이드 호르몬에 의해 이루어진다고 알려져 있습니다. 여성에겐 에스트로겐, 남성에겐 테스토스테론이 성스테로이드 호르몬입니다.

보통 사춘기의 모든 생리적인 변화는 전부 호르몬이 통제한다고 알려져 있습니다. 이 말이 틀린 것은 아니지만, 보다 정확하게 말하자면, 호르몬에 의해 여러 가지 생리적인 현상이 일어나고, 시상하부에 있는 상위 단계의 신경 호르몬이 LH를 조절하는 것입니다. 결국 사춘기도 뇌에서 시작합니다.

최근 신경과학적 연구로 그동안 설명하기 어려웠던 것들이 많은 부분 규명되었습니다. 예전에는 왜 여성이 남성에 비해 약간 감정적인지 잘 설명하지 못했는데, 이런 부분도 연구되었습니다. 그리고 해마, 편도체, 소뇌 등의 연구로 여성이 어느 영역에서 더 탁월한지, 남성은 어느 영역에서 더 탁월한지 등에 대해 많은 연구가 이루어졌습니다. 연구 결과에 따르면, 대개 언어능력에서는 여성이, 공간능력에서는 남성이 더 뛰어난 것으로 나타났습니다.

기능적으로 볼 때, 세라토닌은 굉장히 중요한 신경전달물질입니다. 에스트로겐이라는 스테로이드 호르몬이 작용하려면 수용체를 타고 들어가야 하는데, 얼마 전까지만 해도 알파형밖에 몰랐지만 최근 베타형이 발견되었습니다. 이 베타형의 에스트로겐 수용체가 세라토닌이라는 신경전달물질에 존재한다는 사실은 시사하는 바가 굉장히 컸습니다. 에스트로겐과 같은 여성 호르몬이 뇌의 도파민 신경세포에 작용해, 도파민의 분비를 촉진한다든가, 가바(GABA)와 같은 억제성 신경전달물질을 낮춘다든가 하는 일련의 연구들이 많이 이루어지고 있습니다.

여기서 하나하나 다 열거할 수는 없지만, 사춘기에 접어들 때 일어나는 신체적인 변화가 뇌와 관련된다는 사실은 알아둘 필요가 있습니다. 호르몬에 의해 신체적인 변화가 일어나지만, 호르몬의 변화는 뇌가 통제하기 때문입니다. 다시 한 번 강조하건대, 청소년기의 변화는 뇌에서 시작합니다. 이는 실험 증거가 모두 뒷받침하고 있습니다.

제2의 회백질 성장

태아의 두뇌 발달은 엄마 뱃속에서 유전 프로그램에 의해 거의 완성 단계에 이릅니다. 기존에는, 출생 후 2~3년 사이에 성인의 거의 두 배 정도로 신경세포 수가 늘어나고 신경세포의 가지치기와 신경세포들 간의 연접(시냅스)이 증가하다가, 그 이후 서서히 줄어들어 청소년기의 뇌는 어른의 뇌와 거의 유사하다고 여겨졌습니다. 그런데 이것은 사실이 아니라는 것이 드러났습니다. 청소년기의 뇌에서는 유아기 때의 성장에 버금갈 만한 '제2의 회백질 성장'이 이루어진다는 것이 밝혀진 것입니다.

중요한 개념이 여기서 등장하는데, 바로 '가소성(plasicity)' 개념입니다.

신경 가소성 혹은 시냅스 가소성이라는 단어로 많이 쓰입니다. 신경세포와 시냅스가 구조적으로, 그리고 기능적으로 유연하게 바뀐다는 얘기입니다. 즉 외부의 환경 변화, 공부, 운동, 지식에 의해 시냅스의 모양과 강도, 그리고 가지치기의 수가 바뀔 수 있다는 것입니다.

미국의 국립보건원 산하 정신건강연구소에서는 140여 명의 어린이와 십대들을 대상으로 몇 년 간에 걸쳐 추적 연구를 진행했습니다. 놀랍게도, 뇌영상 기법을 사용한 장기간의 추적 연구는 회백질의 밀도가 사춘기에 절정을 보인다는 사실을 보여줬습니다. 십대 때 회백질의 밀도가 높아졌다는 것은 신경세포의 수가 증가했다는 것을 의미하는 것이었습니다. 십대 때, 제2의 뇌 성장이 이뤄진다는 것을 발견한 것입니다. 특히 회백질의 밀도 증가는 전전두엽을 포함한 전두엽에서 많이 이루어졌습니다.

좀더 구체적으로 살펴보면, 십대 때 전두엽의 신경세포가 가장 왕성하게 성장했으며, 이런 신경세포의 과잉 생산과 시냅스의 증가는 사춘기 이후 두정엽, 측두엽, 후두엽에서 순차적으로 이루어졌습니다. 또한 신경섬유로 이루어진 백질은 사춘기에 두꺼워졌다가 이후 얇아졌습니다.

십대 때 전두엽의 신경세포가 왕성하게 성장한다는 결과는 추론, 논리적 사고, 이성적 판단과 같은 기능을 지배하는 부분의 신경세포가 많아진다는 것을 의미합니다. 이는 청소년 시기의 창의력을 새롭게 조명할 수 있는 생물학적 증거라고 생각할 수 있습니다.

전두엽의 앞부분인 전전두엽은 창의력, 기획력, 추론, 지능, 작업 기억과 깊이 관련되어 있고, 충동을 억제하는 중요한 뇌 부위입니다. 오래 전에는 청소년의 뇌가 적응력이 떨어진다고 생각했지만, 이제는 청소년의 뇌가 매우 민감하고 외적 환경에 쉽게 영향을 받는 역동적인 뇌라고 보

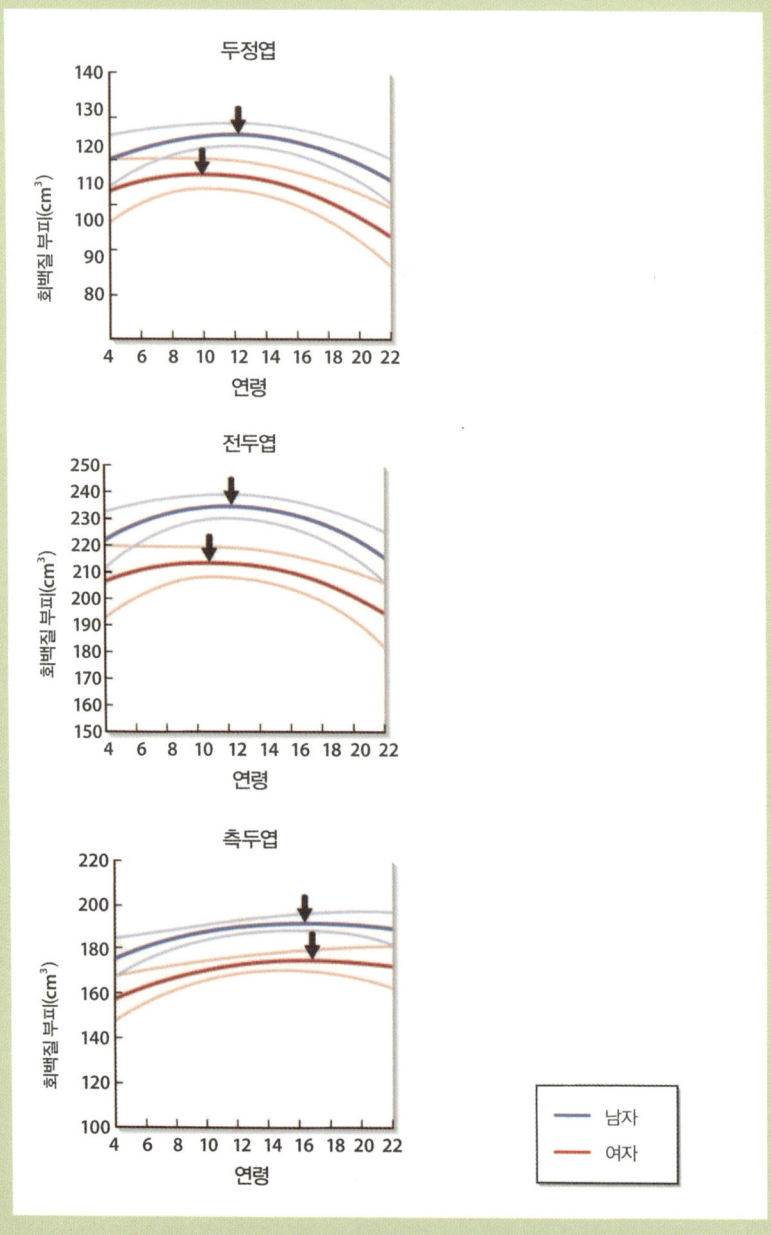

청소년기가 되면 회백질의 밀도가 증가한다(Giedd et al., *Nature Neuroscience* 2:861, 1999 참조).

고 있습니다.

또 다른 실험 연구는 유전적 결함으로 어린 시절에 유발된 정신분열증은 회백질 발달에 치명적인 손상을 유발한다는 것을 밝혔습니다. 십대 때 측두엽과 같은 부분의 신경세포가 손상되어 제대로 발달하지 못하게 되면 정신질환을 앓을 수 있다는 실험 보고도 있습니다.

백질의 성장은 무엇을 의미하는가

앞서 잠깐 백질의 성장을 언급했는데, 백질의 밀도가 바뀐다는 것은 무엇을 의미하는 것일까요? 백질의 밀도가 높아졌다는 것은 수초화(myelination) 과정이 진행되었다는 것을 뜻합니다. 특히 시상과 선조체 사이를 지나는 섬유다발에서 수초화 과정이 많이 일어났습니다. 이는 신경섬유에 미엘린이 칭칭 감겨 뇌 정보 전달 속도가 효율적으로 높아졌다는 것을 의미합니다. 또 사춘기를 지나면서 운동, 감정, 언어 기능 등을 담당하는 두정엽과 뇌 정보처리를 담당하는 측두엽의 능력에 큰 변화가 일어난다는 것을 뜻합니다. 이런 백질의 밀도는 사춘기에 증가하다가 그 이후에는 감소하는 것으로 나타났습니다.

청소년의 뇌에서 감정과 충동을 제어하는 브레이크는 미성숙한 상태입니다. 심리적·정서적 균형이 완성되지 않은 단계이기 때문에 이상한 행동만 골라서 하는 청소년기의 충동적인 행동과 반항, 어른과 다른 그들만의 시각은 이해할 만합니다. 자제력을 키우는 인지 메커니즘이 성숙하는 데에는 다소 시간이 필요합니다.

청소년의 뇌에서 일어나는 회백질과 백질의 성장은 청소년 시기의 교육 프로그램에 대해 재고하도록 합니다. 청소년들의 뇌는 이 시기에 폭발적으로 성장하는 만큼, 불안정하면서도 무한한 가능성을 지니고 있습니다. 이 시기에 어떻게 학습을 시킬 것인가는 굉장히 중요한 문제입니다. 청소년의 뇌 발달 패턴에 관한 신경생물학적 이해를 바탕으로 청소년 교육이 이뤄질 필요가 있습니다.

뇌 기능은 환경의 영향을 받는가?

쌍둥이를 대상으로 한 연구를 보면, 어느 정도는 유전되지만, 그것이 전부는 아니라는 것을 보여줍니다. 쌍둥이의 공통점은 30~60% 정도입니다. 일반인지능력은 62%, 언어인지능력은 55%, 공간인지능력은 32%, 정보처리속도는 62%, 기억력은 52% 정도 닮은 것으로 나타났습니다. 이란성 쌍둥이에 비해 일란성 쌍둥이가 더 공통점이 많다는 것도 알 수 있었습니다.

그러면 뇌의 기능은 어떻게 측정할 수 있는 것일까요? 저희 연구실에서는 청소년 40명을 대상으로 추론능력을 측정해보았습니다. 어려운 문제를 풀 때는 전두엽의 일부분과 두정엽의 일부분이 활성화되는 것을 확인할 수 있었습니다. 창의력과 관련된 문제는 일반고등학교 학생과 과학고등학교 학생들 간에 큰 차이를 발견할 수 없었습니다. 또 하나, IQ가 좋은 학생들의 경우 두정엽의 특정 부분이 활성화된다는 것을 알 수 있었습니다. 이것은 IQ가 높은 아이는 어려운 문제를 잘 푸는데, 어려운 문제를 푸는 것과 두정엽의 특정 부분이 활성화되는 것 사이에 연관이 있다는 것을 말해줍니다. 기존에는 어려운 문제를 푸는 데 전전두엽이 관련된다고만 알려져 있었는데, 이 연구 결과는 두정엽의 특정 부분도 관련된다는 것을 알려주었습니다.

쌍둥이 비교 연구

뇌 기능	닮은 비율
일반인지능력	62%
언어인지능력	55%
공간인지능력	32%
정보처리속도	62%
기억력	52%

쌍둥이를 대상으로 연구한 결과, 일반인지능력은 62%, 언어인지능력은 55%, 공간인지능력은 32%, 정보처리속도는 62%, 기억력은 52% 정도 닮은 것으로 나타났다.

그러면 환경이 타고난 지능에 영향을 미칠까요? 대답은 "그렇다"입니다. 동일한 공간에서 식물을 키우더라도, 영양분을 많이 준 것과 적게 준 것 사이에 차이가 나듯이, 유전적 소인이 같더라도 후천적인 환경에 의해 얼마든지 달라질 수가 있습니다.

그러면 뇌의 기능을 향상시킬 수 있을까요? 이 대답도 "그렇다"입니다. 이는 뇌의 가소성 때문입니다. 앞에서 언급했던 것처럼, 환경과 학습에 의해 뇌는 늘 구조적으로 새로운 신경망을 형성할 수 있습니다. 인위적으로 뇌를 자극하는 기계(TMS 뇌자극 기계)도 있는데, 이 기계는 임상적으로 간질 환자에게 사용되곤 합니다. 이 기계는 주의집중 같은 것을 촉발시키는 자극을 가합니다.

사람의 능력은 계발할 수 있습니다. 운동선수인 마이클 조던과 타이거 우즈의 연습량은 정말 대단합니다. 끊임없는 연습과 훈련 속에서 능력을 발전시킬 수 있고, 자제력도 키울 수 있습니다. 훈련을 통해 인지 메커니즘이 성숙하여, 자신의 능력을 계발시킬 수가 있는 것입니다.

마지막으로 여러분에게 도움이 되는 '학습과 기억'에 대해 이야기하도록 하겠습니다. 학습하고 기억한다는 것은 어떤 특정 시냅스의 강도가 강해지는 것으로 이해할 수 있습니다.

선명한 기억일수록 시냅스 연결이 많고, 강도가 셉니다. 학습은 신경세포 간의 시냅스를 강하게 할 수 있습니다. 학습이 효율적이려면 시각, 촉각, 미각 등 여러 감각기관과 결합된 정보로 입력하는 게 유리합니다. 단기기억에서 장기기억으로 가는 채널을 여러 개 열어두면 입력된 정보를 기억하기가 훨씬 쉬워집니다. 기분 좋은 환경에서 이뤄진 공부, 놀이 학습, 실험, 토론이 선명하게 기억나는 것에는 이런 신경생물학적 이유가 있는 것입니다.

후성유전체
연구란
무엇인가

김영준 연세대학교 생화학과 교수

서울대학교에서 미생물학을 전공했으며, 미국 스탠퍼드대학교에서 생리학으로 박사학위를 받았다. 삼성생명과학연구소 연구원, 성균관대학교 의과대학 교수를 거쳐, 현재 연세대학교 생화학과 교수로 재직 중이다. 후성유전학과 면역반응에 관심을 가지고 있으며, 현재 바이러스 면역 유전자 조절을 연구하는 중이다. 경암학술상(2009년), 이달의 과학자상(2009년) 등을 수상했다.

오리 : 넌 제법 오리처럼 뒤뚱뒤뚱 걷고, 꽥꽥 잘 우는구나. 어느 선생님한테 배웠니?
새끼 오리 : …….

먼저 그림을 하나 볼까요? 한 오리가 새끼 오리에게 물어봅니다. "넌 제법 오리처럼 뒤뚱뒤뚱 걷고, 오리처럼 꽥꽥 잘 우는구나. 어느 선생님한테 배웠니?" 이 그림에 나온 새끼 오리는 누구에게 걷는 법과 우는 법을 배웠을까요? 만약 어미 오리가 없는 새끼 오리라면 걷지도 못하고 울지도 못할까요? 이미 여러분은 초등학교 때 오리가 걷고 우는 것은 유전자에 의해 결정된다고 배웠을 겁니다.

유전정보의 기본단위, 유전자

2000여 년 전 철학자 아리스토텔레스가 살던 시절, 사람들은 난자와 정자가 만나 아기가 태어난다는 사실을 알고 있었습니다. 그런데 현미경이 없던 시절이어서 정자 안에 아주 작은 사람이 들어 있을 것이라고 생각했습니다. 그런데 확인할 방법이 없으니 사람들은 자유롭게 자신의 주장을 펼쳤습니다. 장 바티스트 라마르크(Jean-Baptiste Lamarck)의 '용불용설' 등 다양한 가설들이 등장했습니다. 그러다 그레고어 요한 멘델(Gregor Johann Mendel)이 유전 법칙을 발견하면서, 우리의 여러 가지 형질이 유전자에 의해 결정된다는 사실을 알게 되었습니다. 멘델이 유전 법칙을 발견한 이후 100년간은 그 법칙을 확인하는 시간이었다고 얘기할 수 있습니다. 그 과정에서 '과연 유전자가 무엇일까?' 하는 질문이 등장했습니다.

2000년대에 접어들면서, 유전자는 마치 암호처럼, G(구아닌), A(아데닌), T(티민), C(사이토신)라는 네 가지 염기로 된 DNA 코드라는 것을 알게 되었습니다. 염기의 순서가 어떻게 되느냐에 따라, 즉 유전자에 따라 피부 색깔, 뼈 모양, 눈 색깔이 결정된다는 것이 밝혀졌습니다. 인간게놈프로젝트(인간유전체프로젝트)는 우리 몸에 있는 유전자를 전부 분석해보자는 생각에서 진행된 것입니다.

비유하자면, 인간게놈프로젝트는 마치 내부가 어떻게 생겼는지 모른 채 운전하다가 어느 날 자동차의 다양한 부품을 하나하나 분해해보면서 그것이 어떤 기능을 하는지 알아보는 것과 같습니다. 세포 안의 핵에 들어 있는 DNA에는 유전자들이 있고, 이들 유전자에 의해 단백질이 만들어져서 사람이라고 하는 구조를 만듭니다. 자동차의 부품을 파악하는 것과 DNA 속의 유전자를 찾는 것은 결과적으로 같은 얘기라고 할 수 있습니다.

이런 관점에서 보면, 자동차에 브레이크가 없으면 큰 문제가 생기듯, 사람에게도 브레이크처럼 없으면 큰일 나는 유전자가 있을 것이라고 예상할 수 있습니다. 가령 세포가 계속 자라는 것을 막아주는 브레이크 유전자가 없어지면, 그 세포는 계속 자라서 암세포가 될 것입니다. 이 브레

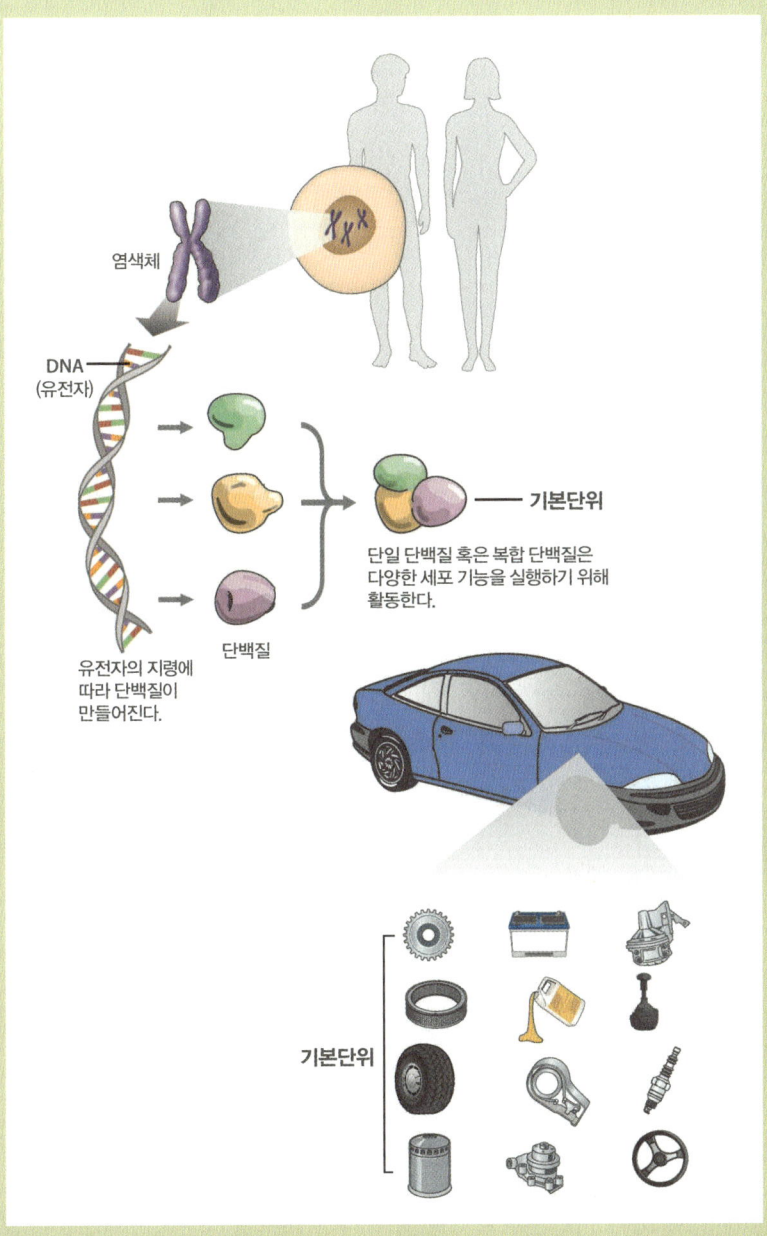

각각의 기능과 역할을 하는 자동차 부품처럼, 인간의 몸에는 제각기 다른 기능을 갖고 있는 단백질이 있다.

이크 유전자는 암억제유전자라고 할 수 있습니다. 또 타이어에서 바람이 빠지면 정상적으로 운전할 수 없는 것처럼, 인간에게도 유전자가 있기는 하지만 기능이 떨어져 문제를 일으키는 경우가 있습니다.

하지만 자동차의 경우는 모든 것을 다 파악할 수 있지만, 인간의 경우는 아직 다 파악되지 않았습니다. 게놈프로젝트를 통해 30억 쌍의 DNA 염기서열과 약 2만 5000개 정도의 유전자를 알아내긴 했지만, 각 유전자가 어떤 기능을 하는지는 다 알지 못하는 상황입니다. 일단 게놈프로젝트는 염기서열을 파악하는 정도에 그쳤습니다.

자동차를 분해하는 것과 자동차를 분해하기 전처럼 완벽하게 재조립해서 운전할 수 있도록 만드는 것은 다른 일입니다. 누군가가 자동차 부품들을 빠짐없이 주면서 조립하라고 하면 전문가가 아닌 일반 사람들은 엄두도 못 낼 것입니다. 부품들이 서로 어떠한 관계가 있는지, 각 부품이 어느 부품들과 연결되는지를 알아야만 조립할 수 있기 때문입니다. 자동차를 재조립하려면 시스템과 부품의 기능, 작동 메커니즘을 공부해야 합니다. 맨 처음 과학자들이 게놈프로젝트를 시작할 때에는 DNA의 염기서열만 분석해보면 다 알 수 있을 것이라고 생각했습니다. 그러나 결과는 예상과 달랐습니다. 막상 분석해보니, 인간의 전체 유전자의 기능과 생명현상의 메커니즘을 파악하기 위해서는 더 많은 연구와 예산이 필요하다는 것을 깨닫게 된 것입니다.

유전자형에 따라 처방하는 맞춤의학

과학은 항상 기술적인 혁신에 의해 발달해왔습니다. 18세기에 현미경이 발명되면서 그동안 보지 못했던 미생물을 보게 되었던 것처럼, DNA

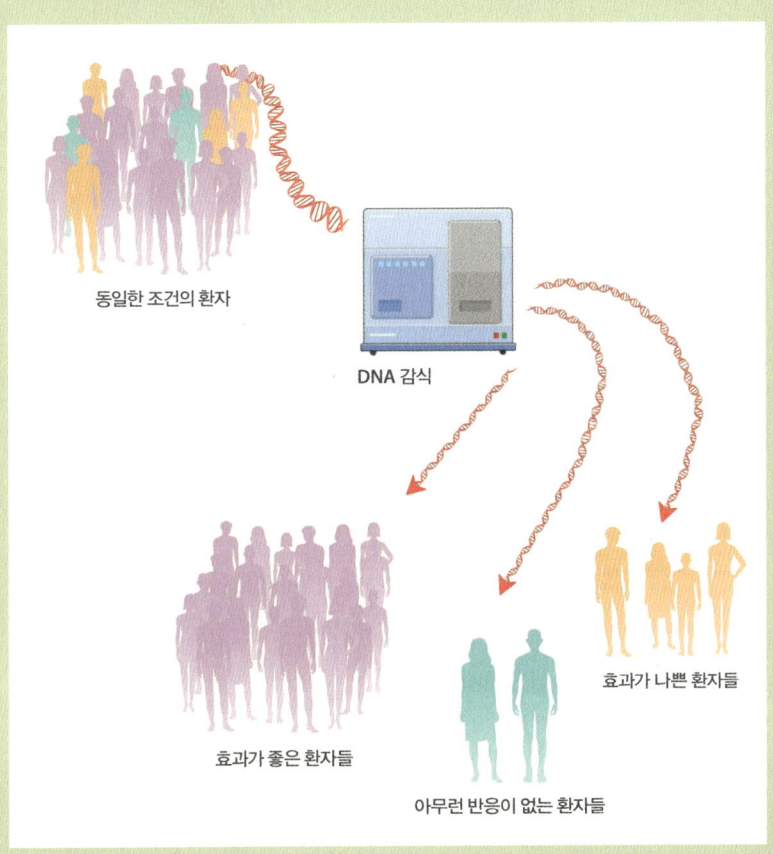

맞춤의학 기술이 발달하게 되면, 의사는 환자의 유전형에 따라 처방하게 될 것이다.

의 염기서열을 해독하는 기계가 빠르게 발전한 결과 유전자가 어떻게 암호화되어 있는지를 알게 되었습니다. 게놈프로젝트를 처음 시작할 때에는 한 사람의 유전체를 모두 분석하는 데 막대한 비용과 시간을 필요로 했지만, 2006년에는 1억 원의 비용으로 1년 동안 기계를 돌리면 한 명의 DNA 염기서열을 모두 분석할 수 있는 수준으로까지 발달했습니다. 그리고 가까운 시일에는 100만 원 정도이면 내 자신의 유전자를 며칠 내로 분석할 수 있게 될 것입니다.

이러한 기술은 내가 왜 옆에 있는 사람과 다른가, 나는 왜 키가 작은가, 왜 누구는 담배를 피우지 않았는데도 폐암에 걸리는가 등 여러 다양한 질문에 대해 더 빨리 해답을 찾게 해줄 것입니다. 유전적으로 어떤 성향을 지녔기에 이러한 차이가 나타나는지 비교해볼 수 있게 되는 것입니다.

똑같은 항암제인데도 어떤 사람에게는 잘 들고, 어떤 사람에게는 잘 듣지 않는 게 현실입니다. 항암제로 상태가 악화되기도 합니다. 이것은 사람마다 유전형이 모두 다르기 때문에 나타나는 현상입니다. 지금까지는 개개인이 어떤 유전형을 갖고 있는지 알지 못했기 때문에, 할 수 없이 일단 약을 처방해보는 식이었습니다. 한 달 정도 처방한 다음에, 잘 듣지 않으면 다른 약을 씁니다.

그런데 맞춤의학 기술이 더 발달하게 되면, 유전형에 따라 처방하게 되는 때가 오게 될 것입니다. 100만 원 정도의 비용을 들여 DNA 염기서열을 분석한 다음, 의사들은 환자의 유전형에 따라 잘 듣는 약을 처방하는 것입니다. 실제로 유전형이 결정적인 요인으로 많이 작용합니다. 새롭게 발달된 과학기술을 이용해 최소한의 유전적인 요소를 알아두면, 치료에 도움이 될 것입니다.

환경은 어떻게 우리에게 영향을 미치는가?

하지만 유전적인 요소로는 도저히 설명되지 않는 것들이 많이 있습니다. 즉 공기가 약간 나쁜 곳에 산다고 해서 몸에 바로 돌연변이가 나타나는 것은 아닙니다. 결과적으로 더 건강해지지 않는다거나 문제가 생기지만 말입니다. 그러면 무엇이 우리 몸에 악영향을 미치는 것일까요?

암을 일으키는 요소가 무엇인지 연구해보니, 암을 일으키는 요인은 정크 푸드, 흡연, 바이러스, 알코올, 자외선, 환경오염, 약품 순으로 나왔습니다. 예상 밖의 결과였습니다. 대개 암은 환경오염이나 약에 아주 크게 영향을 받을 것이라고 생각했는데, 실제로는 어떠한 음식을 먹느냐에 더 크게 영향을 받는다는 연구 결과가 나왔던 것입니다. 정크 푸드를 먹는 사람이 많아지면서 직장암 비율이 높아진 것만 보아도, 우리가 무엇을 먹는가에 우리 몸이 많은 영향을 받고 있다는 것을 단적으로 알 수 있습니다. 그런데 우리가 햄버거를 먹는다고 해서 당장 우리 몸이 돌연변이가 되는 것은 아닙니다. 즉 유전자에 돌연변이가 생기지는 않지만 우리의 건강 상태가 나빠질 수 있다는 얘기입니다.

복제 고양이를 예로 들어보겠습니다. 엄마 고양이의 이름은 레인보우입니다. 새끼 고양이는 레인보우의 체세포를 떼어내서 만든 복제 고양이입니다. 새끼 고양이는 레인보우의 체세포에서 핵을 빼내 핵이 없는 난자에 이식해서 만들었기 때문에, 이 두 고양이의 유전형은 똑같습니다. 그런데 털 색깔도 틀리고, 성격도 굉장히 다릅니다. 이는 털 색깔, 성격은 유전형에 의해 결정되지 않는다는 것을, 유전자가 아닌 무엇인가에 의해 바뀌어간다는 것을 보여줍니다.

또 다른 예로, 일란성 쌍둥이 예가 있습니다. 일란성 쌍둥이의 유전형은 똑같습니다. 모습도 거의 똑같습니다. 성격이 똑같은 경우도 많습니

자동차 배기가스, 흡연, 정크 푸드 등 나쁜 환경은 몸에 악영향을 미친다.

다. 비슷한 시기에 똑같은 질병에 걸리기도 합니다. 그러나 이 쌍둥이의 나이가 일흔 살 정도가 되면, 이상하게 노인성 질환에서는 큰 차이를 보인다는 것이 객관적으로 관찰되었습니다.

과학자들은 그 원인을 찾기 시작했습니다. 실험에는 RNA를 이용했습니다. 어린 쌍둥이 두 명에게서 똑같이 RNA를 뽑아서 염색체에 붙여보았는데, 모든 유전자에서 같은 양의 단백질이 만들어졌다는 것을 확인할 수 있었습니다. 하지만 할아버지 쌍둥이를 대상으로 동일한 실험을 진행해보았더니, 두 명이 보여준 결과에는 큰 차이가 있었습니다. 나이가 들면서, 유전자는 변하지 않지만, 유전자가 어떻게 사용되는가는 상당히 변한다는 사실을 관찰하게 된 것입니다.

우리 몸에는 약 200개 이상의 세포 타입이 있습니다. 혈액세포도 있고, 신경세포도 있고, 근육세포도 있습니다. 이런 다양한 모양의 세포들은 수정란 하나에서 분화되어서 만들어진 세포들입니다. 그래서 이들 세포는 모두 동일한 유전정보를 갖고 있습니다. 하지만 유전정보가 똑같음에도 불구하고, 이들 세포들은 모양도 제각기 다르고 기능도 다릅니다. 왜 유전정보가 같은데도 이렇게 상당히 다른 세포들을 만들 수가 있는 것일까요?

후성유전학적 변이와 유전자 발현

DNA는 우리 세포 내에 들어가 있을 때, 어떤 부분은 단단하게 감겨 있고, 어떤 부분은 느슨하게 풀려져 있습니다. 풀려진 곳은 효소가 접근하기 쉬워서 RNA를 만들 수 있습니다. 그러나 단단하게 감긴 부분은 효소가 접근하기 어려워 그 무엇도 만들기 어렵습니다. 말하자면 동일한 유전자라고 하더라도 어떻게 감겨 있느냐에 따라 사용될 수 있거나 사용될 수 없는 현상이 나타나는 겁니다. 인간이 가지고 있는 약 2만 5000여 개의 유전자를 모두 이런 식으로 생각할 수 있습니다. 2만 5000개의 유전자는, 모두 똑같은 책이지만 봉인된 부분이 달라 제각기 다른 부분이 읽히는 책과 비슷합니다.

이처럼 유전정보가 같은데도 다른 결과가 나오는 것은 유전자 발현의 조절과 관련됩니다. 이렇게 환경이 유전자의 발현에 어떠한 영향을 미치는지에 대해 관심을 기울이는 유전학의 하위학문을 후성유전학이라고 합니다. 유전자의 활용 가능성을 관리하는 후성유전학적 조절인자를 연구하는 학문이라고 할 수 있습니다.

DNA에는 아무런 변화가 없는데, 후성유전학적 변이가 유전자 발현에 차이를 일으키기 때문에, 각 생물체의 환경 적응능력이 다른 것입니다. 후성유전학적 변이는 쉽게 설명하자면, DNA를 보관하거나 사용하는 상

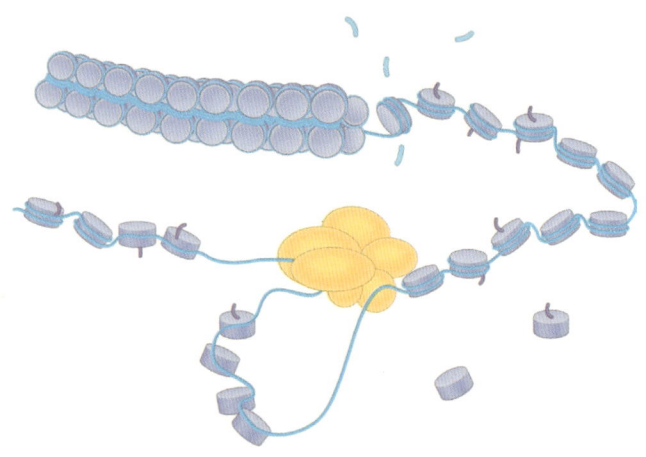

세포 속의 DNA는 효소가 접근하기 쉬운 부분과 그렇지 않은 부분이 있다.

태를 조절함으로써, 유전자 발현에 차이를 만듭니다.

이런 유전자 발현의 조절인자로는 뉴클레오솜이 있습니다. 이 뉴클레오솜이 유전자 프로모터(조절유전자)에 어떻게 감기느냐에 따라 다양한 후성유전학적 변이가 발생합니다. 뉴클레오솜이 DNA를 단단하게 감으면 다른 단백질과 상호작용하기 어려워지고, 느슨하게 감으면 다른 단백질과 활발하게 상호작용할 수 있는 것입니다.

다른 예로, 배아줄기세포는 모든 세포로 분화할 수 있는 다능성을 갖고 있지만, 일단 신경세포나 혈액세포 등으로 분화가 되면 불필요한 유전정보는 읽을 수 없게 단단하게 감깁니다. 쉽게 접근할 수 있는 구역과 접근할 수 없는 제한구역으로 나뉘는 것과 유사합니다. 이렇게 한 번 나뉘게 되면, 이것은 쉽게 돌이켜지지 않습니다. 요즘에는 이런 후성유전학적 원리로 동일한 유전정보에서 왜 다른 현상이 나오는지를 설명하고 있습니다.

암이 생기는 것과 관련해서 한번 설명해보겠습니다. 예를 들어 옷가게는 여러 물건이 있더라도 옷만 전시합니다. 직원들이 점심으로 가져온 생선과 같은 것은 잘 포장해서 보이지 않는 곳에 보관할 겁니다. 그런데 어딘가 잘못되어서 옷 사이사이에 생선이 전시되어 있다고 생각해봅시다. 옷이라는 유전자와 생선이라는 유전자에는 어느 하나 잘못된 것이 없지만, 이런 식으로 잘못 전시되면, 결과적으로 옷가게는 망하게 됩니다. 이것을 제대로 바로잡으려면 어떻게 해야 할까요?

암에 대한 연구도 예전에는 어떤 유전자가 망가졌는지에 관심을 많이 기울였지만, 이제는 유전자가 망가지지 않았더라도 잘못 봉인되거나, 잘못 정리된 부분이 어디인지를 살피는 경우가 많습니다. 실제로 유전자가 망가져서 생기는 암은 전체 암의 20% 정도이고, 나머지 80%는 유전자는 멀쩡한데 유전자 발현을 조절하는 데 문제가 생겨서 발병하는 것으로 보고 있습니다.

다른 예를 들어보겠습니다. 뚱뚱한 쥐와 날씬한 쥐가 있습니다. 어미가 어떠한 음식을 먹느냐에 따라 새끼들의 모습이 다르게 나타납니다. 뚱뚱한 쥐는 뚱뚱한 새끼 쥐를 낳고, 날씬한 쥐는 날씬한 새끼 쥐를 낳았습니다. 동일한 조건에서 자란다고 해도 무엇을 먹느냐에 따라 건강 상태에 영향을 미치고, 이러한 유전 형질이 세대를 넘어서 전달되는 것을 볼 수 있었습니다.

우리는, 어떠한 음식을 먹었느냐에 따라 유전자 발현을 조절하는 인자가 결정되기 때문에 이러한 현상이 나타난다고 보고 있습니다. 말하자면 정상적인 쥐는 유전자 발현을 조절하는 인자에 문제가 없어서 특정 유전자가 제대로 잘 포장된 반면, 암에 걸린 쥐는 특정 유전자가 제대로 포장되지 않는 것이라고 할 수 있습니다.

비단 우리 몸은 어떤 음식을 먹느냐에 영향을 받을 뿐 아니라, 스트레스 같은 것에도 영향을 받습니다. 단적인 예로, 자살한 사람 중에서 글루코코티코이드 수용체가 제대로 발현되었는지를 살펴보았습니다. 그랬더니 자살한 사람 중에서 어릴 때 아동학대를 당한 사람들의 경우에는 글루코코티코이드 수용체 유전자에 높은 DNA 메틸화(메틸화효소에 의해 DNA에 메틸기가 달라붙는 과정)가 관찰된다는 연구 결과가 보고되었습니다. 글루코코티코이드 수용체는 스트레스 경로를 제어해주는 역할을 하고, 이것이 제대로 발현되지 않으면 스트레스 경로가 활성화되어 자살 충동이나 우울증을 일으킬 확률이 높습니다. 이 연구 결과는 아동학대와 같은 환경적 영향으로 글루코코티코이드 수용체의 발현이 달라진다는 것을 단적으로 보여준다고 할 수 있습니다.

그러면 인위적으로 유전자 발현의 조절에 영향을 주는 약물을 투입함으로써, 생쥐의 능력을 향상시키거나 문제를 해결할 수 있을까요? 실제로 히스톤 디아세틸라제(Histone deacetylase)라는 약물을 주입하여 유전자의 후성유전학적 조절을 가한 후, 쥐의 학습 효과를 측정한 실험이 진행된 적이 있습니다. 히스톤 디아세틸라제가 주입된 쥐의 경우는 정상 쥐보다 학습 효과가 크게 나타났습니다.

유전자는 그 자체로 우리의 건강에 영향을 주는 요인이지만, 이 유전자가 어떻게 후성유전물질에 의해 감겨 있는지, 후성유전학적 조절 인자가 잘못되면 실질적으로 어떤 질병이 생기는지, DNA를 잘 정리하고 보관하는 것이 어떻게 조절되어야 유전자가 정상적으로 발현되는지 이해하는 것은 굉장히 중요한 학문적 영역이 될 것입니다. 후성유전적 유전자 발현은 DNA 메틸화와 히스톤 변형(히스톤 단백질에 메틸기나 아세틸기가 달라붙는 것)과 관련되어 있는데, 분자 수준에서의 이해가 한층 완벽해진

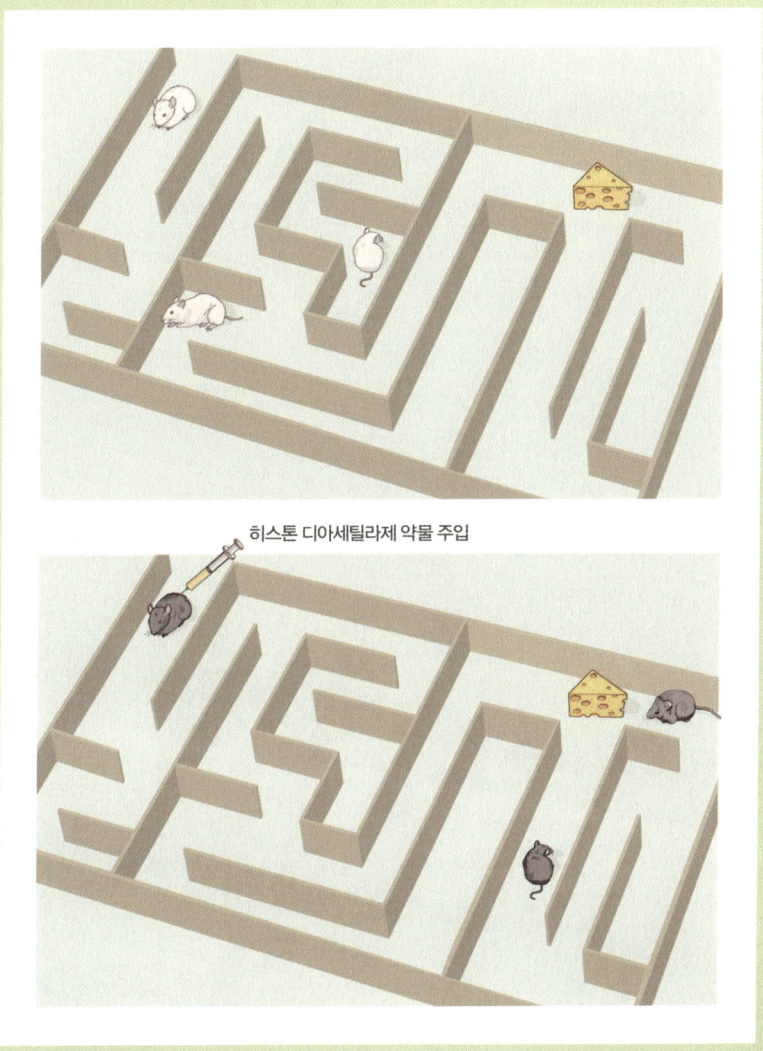

히스톤 디아세틸라제 약물 주입

약물 주입과 같이 유전자의 후성유전학적 조절을 가하면, 쥐의 학습 효과를 높여 미로에서 길을 훨씬 잘 찾는다는 것을 알아냈다.

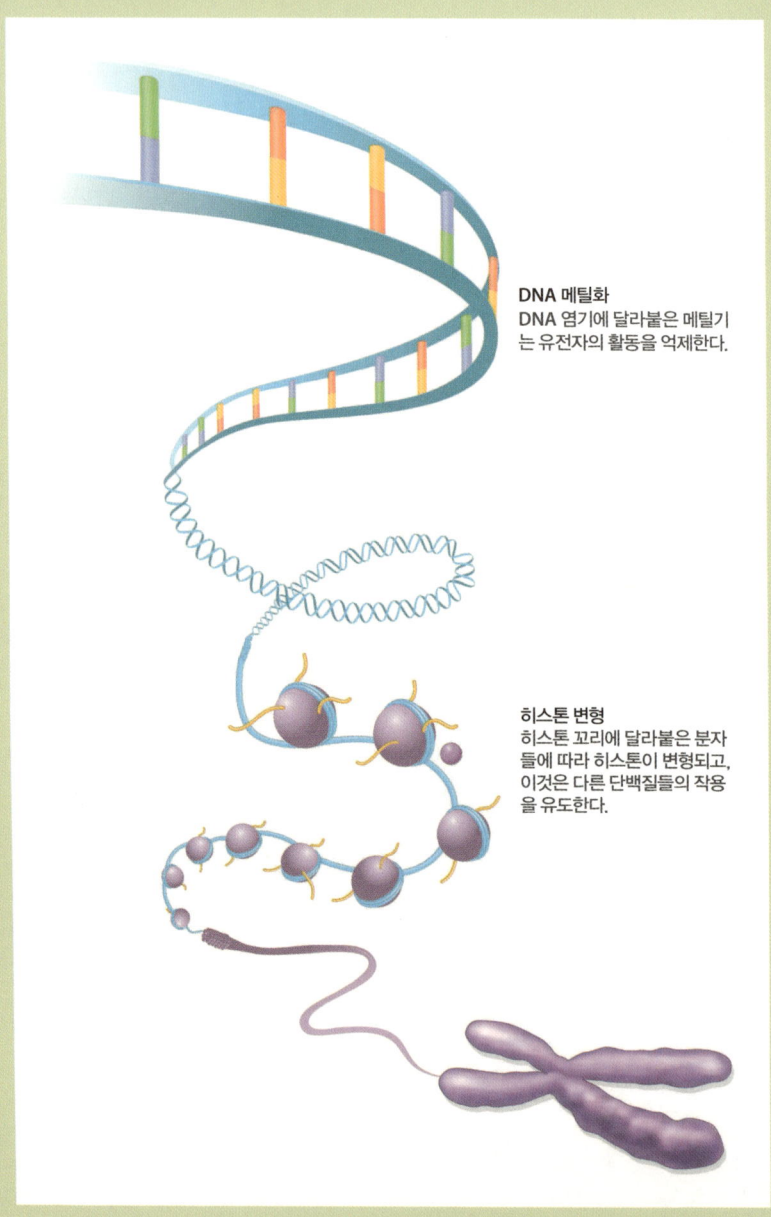

DNA 메틸화
DNA 염기에 달라붙은 메틸기는 유전자의 활동을 억제한다.

히스톤 변형
히스톤 꼬리에 달라붙은 분자들에 따라 히스톤이 변형되고, 이것은 다른 단백질들의 작용을 유도한다.

후성유전적 유전자 발현은 DNA 메틸화와 히스톤 변형과 관련되어 있다.

다면, 환경에 의한 영향을 더 정확하게 설명할 수 있을 것입니다. DNA 메틸화는 유전자 발현을 억제시키며, 히스톤 변형은 DNA와 히스톤의 결합이 더 단단해지거나 더 느슨해지도록 만듭니다.

후성유전적 변이는 세포 분화에 따라 계속 변화하고, 환경에 따라 계속 변화합니다. 그리고 질병은 유전적 요소와 환경적 요소에 의해 결정됩니다. 이는 환경에 의한 요소는 얼마든지 노력에 의해 상당히 바뀔 수 있다는 것을 시사합니다.

유전체에 대한 연구는 최근 환경의 영향에 주목하는 방향으로 진행되어가고 있고, DNA 염기서열 분석(DNA 시퀀싱) 기술의 급격한 발달은 이런 추세를 더욱 부추기고 있습니다.

DNA의 염기서열을 분석하는 데 드는 비용은 점차로 낮아지지만, 그것이 지닌 정보의 가치는 가파르게 높아지고 있습니다. 앞으로는 DNA의 염기서열을 분석하는 것보다 그것이 담고 있는 정보를 어떻게 해석하는가가 더욱 중요해질 것입니다. 그리고 10년 후에는 매우 중요한 산업기반이 될 것입니다. 지금 구글이라는 회사는 인간의 유전정보를 시장성이 큰 산업 분야로 보고는, 구글의 검색 능력을 개인의 유전자 정보와 연계시키는 야심 찬 프로젝트를 진행 중입니다.

우리가 유전체 정보와 그것을 분석할 수 있는 IT 기술을 확보하고, 의료영상 기술이 더욱 발달하게 된다면, 유전체가 어떤 식으로 후성유전 물질에 의해 감겨 있는지를 파악해서, 특정 질병이 발병할 가능성이 몇 퍼센트인지를 진단할 수 있는 시대가 올 것입니다. 미래를 다룬 영화들을 보면, 인체를 영상화해서 질병이 있는지 없는지를 탐지하는 기술들이 곧잘 등장하곤 하는데, 그것은 허구가 아니라 현실이 될 수 있는 미래입니다.

모든 사람들의 유전체를 분석하고, 유전자의 차이에 의해 생기는 현상도 알고, 그 다음으로 정상세포와 병을 유발하는 세포의 차이를 파악해 질병의 원인을 이해하게 되면, 궁극적으로는 개인에게 딱 맞는 맞춤의료가 시행될 것입니다. 그리고 후성유전학은 그러한 시대를 위한 기술적인 플랫폼이 될 것입니다.

　오리가 뒤뚱거리며 걷고 꽥꽥 우는 것은 유전자에 의해 결정되지만 더 힘차고 빠르게 날 수 있는 것은 부단한 노력에 의해 유전자를 후성유전학적으로 잘 활용할 줄 아는 방법을 배웠기 때문이 아닐까요?

무엇이
정신질환을
일으키는가

김은준 한국과학기술원 생명과학과 교수, 기초과학연구원 시냅스뇌질환연구단 단장

부산대학교에서 약학을 전공했으며, 미국 미시간주립대학교에서 약학으로 박사학위를 받았다. 부산대학교 약학과 교수를 거쳐, 현재 기초과학연구원 시냅스뇌질환연구단 단장 및 한국과학기술원 생명과학과 교수로 재직 중이다. 뇌정신질환에 관심을 가지고 있으며, 현재 생쥐모델을 이용해 발병 기전을 연구하는 중이다. 인촌상(2012년), 청암과학상(2013년) 등을 수상했다. 현재까지 100여 편의 신경과학 관련 논문을 발표했다.

정신작용이란 주변의 사물을 보고, 느끼고, 종합하고, 판단하고, 기억하는 뇌를 중심으로 한 종합적인 작용을 뜻합니다. 정신질환은 이런 정신작용에 이상이 생겨 나타나는 질병입니다. 정신질환의 여러 예를 한번 들어보겠습니다.

뇌 기능에 이상이 생겼을 때

자신의 사진을 보고도 그 사진의 얼굴이 누구인지 모르는 환자가 있습니다. 의사가 환자의 사진을 가리키며 "사진 속의 이 사람은 누구인가요?"라고 물으면, "글쎄요, 잘 모르겠습니다." 하고 대답합니다. 얼굴을 인식하는 뇌 기능이 손상되었기 때문입니다.

어떤 이들은 신기하게도 글자와 숫자를 볼 때 색깔을 함께 봅니다. 평범한 사람들에게는 검은색 숫자로 보이는데, 이들에게는 3은 파랑색, 4는 초록색, 5는 빨간색 등으로 보이는 겁니다. 학계에서는 이런 현상을 공감각(synesthesia)이라고 부릅니다. 인위적으로 합성된 감각을 뜻하죠. 뇌의 어떤 부분이 정상인과 다르기 때문에 일어나는 현상입니다.

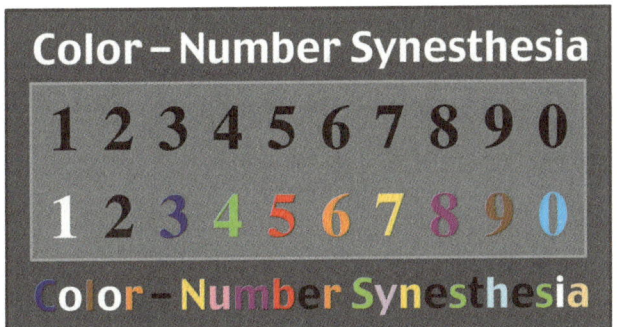

공감각 능력을 지닌 사람은 글자와 숫자를 볼 때 색깔을 함께 본다.

또 어떤 환자는 움직임이 연속적으로 보이지 않고 불연속적으로 보입니다. 눈앞에 자동차가 지나가더라도, 정지한 자동차가 잠깐 보였다가, 조금 후에는 아까와 다른 장소에 정지한 자동차가 보입니다. 일상생활을 할 때 아주 심각한 문제를 겪겠죠? 차가 멀리서 보이는데, 그게 정지한 차인지 아니면 자기 쪽으로 달려오는 차인지 알 수 없는 것입니다. 이런 환자는 커피잔에 물을 부어도 불연속적으로 보여서 종종 물을 흘러넘치게 붓고 맙니다.

어떤 사람들은 깨어 있는 상태에서 바로 수면 상태로 들어갑니다. 보통 사람들은 깊은 잠을 자다가 꿈을 꾸는 상태로 접어드는데, 이렇게 기면증에 걸린 환자들은 깊은 잠 없이 바로 꿈 단계로 접어듭니다.

자주 영화의 소재로도 쓰이는데, 단기기억에 문제가 있는 이들도 있습니다. 영화 〈메멘토〉에서는, 오래된 기억에는 문제가 없지만, 10분 전에 무슨 일이 일어났는지 기억하지 못하는 남자가 등장합니다. 아내를 죽인 살인범을 추적하지만, 방금 전에 무슨 일이 일어났는지 기억하지 못하기 때문에 혼란을 겪습니다. 기억이 사라지기 전에 중요한 내용을 몸에 문신으로 새기기도 합니다. 이런 단기기억상실증은 대개 단기기억을 저장하는 해마의 기능에 문제가 생겼을 때 발생하는 뇌 기능 장애입니다.

시냅스, 정신 활동의 기본단위

뇌 기능은 사실 우리가 이해하기에는 굉장히 복잡한 현상입니다. 그러면 우리는 어떻게 하면 뇌 기능을 이해할 수 있을까요? 어떻게 뇌를 이해할 것인가, 하는 문제는 지금 인류가 직면한 가장 큰 과제 중 하나라고 할 수 있습니다.

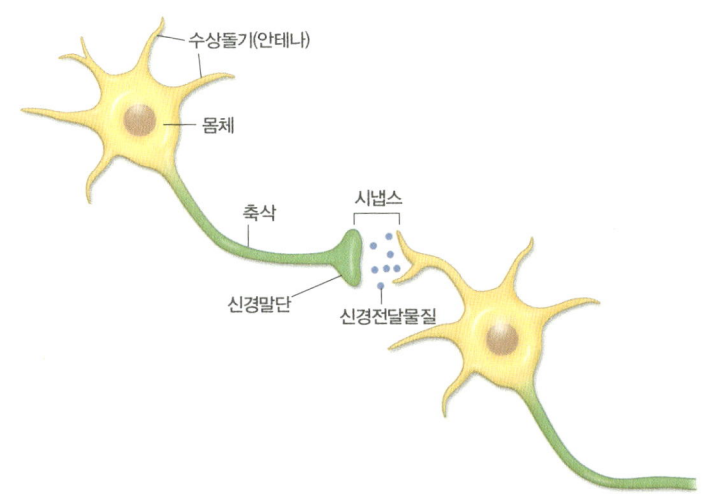

신경전달이 일어나는 물리적 영역은 시냅스이다.

눈앞에 쿠페 자동차가 있다고 생각해봅시다. 우리는 이 자동차가 어떤 원리로 달리는지 잘 알지 못합니다. 자동차가 어떤 메커니즘으로 작동하는지 이해하기 위한 한 가지 방법은 뜯어보는 겁니다. 부품 하나하나로 다 분해한 다음, 이들 부품들의 기능을 분석해보면, 자동차가 어떻게 작동하는지 큰 그림을 그릴 수 있을 것입니다. 과학계에서는 이런 접근법을 환원주의라고 합니다. 생명과학자들 가운데에서도 환원주의적 접근법으로 연구하는 사람들이 꽤 많이 있습니다.

정신 활동의 가장 기본이 되는 단위는 두 신경세포 사이의 접합 부위인 시냅스에서 일어나는 신경전달입니다. 하나의 신경세포에서 다른 신경세포로 신경전달물질이 전달됩니다. 신경전달물질은 어떻게 전달될까요?

한 신경세포에서 발생한 신호가 축삭을 따라 신경말단(시냅스전 신경세포막에 해당)에 도달하면, 이곳에서 신경전달물질(neurotransmitter)이 세

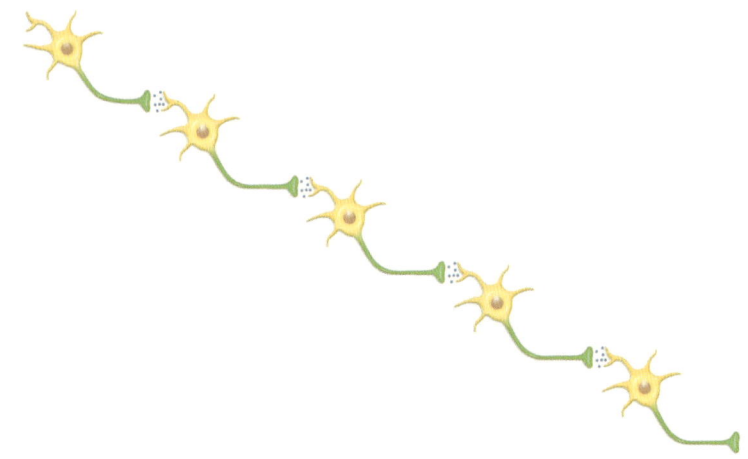

시냅스가 모여 신경회로를 이루고, 신경회로가 모여 뇌 기능이 된다.

포 밖으로 분비됩니다. 분비된 신경전달물질은 수상돌기에 위치한 시냅스후 신경세포막을 자극합니다. 이를 통해 신경전달이 일어나는 겁니다. 이런 신경전달이 일어나는 물리적 영역은 시냅스입니다. 시냅스에서 일어나는 신경전달이 계속 연결되려면 회로가 만들어져야 하는데, 이 회로를 신경회로라고 합니다. 여러 신경회로가 모이면 정신작용이 됩니다. 그러나 이런 신경회로에서 뇌 기능으로 넘어가는 과정에는 눈에 띄는 도약이 존재합니다. 이것은 인류가 아직 풀지 못한 숙제입니다. 우리가 다른 사람을 보고, 그 사람의 얼굴이 머릿속에 남는 기억 현상, 이런 것조차도 아직 우리는 그 원리를 모르고 있습니다.

신경회로에서 뇌 기능으로 넘어갈 때의 도약이 있기는 하지만, 시냅스가 모여 신경회로가 되고, 신경회로가 모여 뇌 기능이 됩니다. 만약 시냅스에 이상이 있거나, 신경회로에 이상이 생기면, 뇌 기능에 이상이 생길 것이라고 예상할 수 있습니다. 그래서 상당 부분의 뇌질환은 시냅스에 문제가 생겨서 발생할 것이라는 가정 아래, 많은 연구가 진행되고 있습니다.

사실, 자기 얼굴을 알아보지 못하거나, 글자와 숫자마다 색깔이 있거나, 사물의 움직임이 불연속적으로 보이는 등의 뇌 기능 이상은 드문 경우에 속합니다. 상당히 흔한 뇌질환은 약간 지능이 떨어지는 정신장애(혹은 정신지체), 사회성이 현저히 떨어지는 자폐증, 의욕 저하와 우울감이 나타나는 우울증, 고령화로 인한 치매 등입니다.

자폐증을 앓는 아이의 60% 정도가 정신박약 증세 등을 보입니다. 정신분열은 영어로 'schizophrenia'인데 그 어원을 따라가보면 '쪼개지는 마음(splitting of mind)'을 뜻합니다. 여러 가지 증상이 나타나는데, 이는 뒤에서 좀더 부연해서 설명하도록 하겠습니다. 우울증은 유전적인 요인으로 생길 때도 있지만, 불행한 일을 겪을 때 생길 수 있는 굉장히 보편적인 질병입니다. 보통 사람들의 20% 정도는 일생에 한 번 정도 아주 심각한 우울증을 겪는다고 합니다.

시냅스 단백질과 뇌 기능

시냅스의 구성 성분으로는 무엇이 있을까요? 시냅스를 좀더 확대해서 보겠습니다. 시냅스전 신경세포막에는 신경전달물질이나 이것의 분비를 조절하는 단백질들이 저장되어 있습니다. 그리고 시냅스후 신경세포막에는 신경전달물질의 수용체 단백질과 수용체에서 발생한 신호를 처리하는 단백질이 있습니다. 신경전달물질의 수용체 단백질은 그 크기가, 위에서 아래로 내려다보면 지름이 약 1μm(마이크로미터) 정도 됩니다. 대장균 한 마리의 사이즈가 1μm 정도이니, 대장균 정도의 크기라고 보면

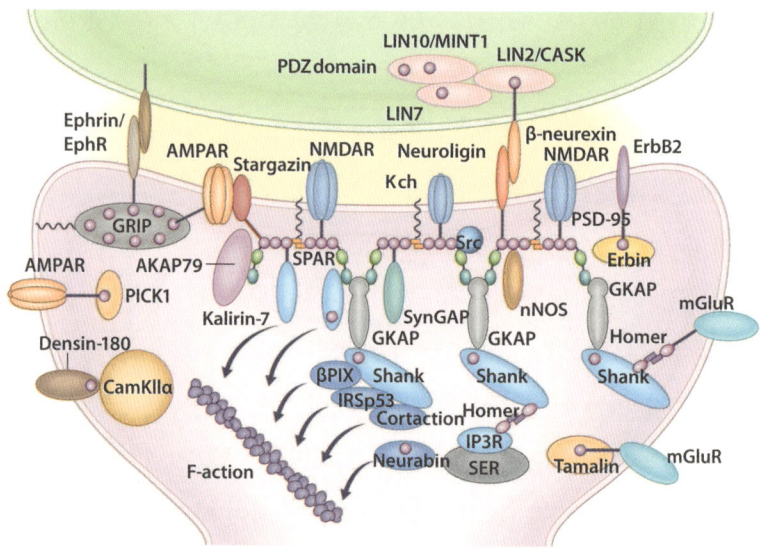

시냅스에는 약 1000~2000 종류의 단백질이 있는 것으로 알려져 있다.

됩니다.

  시냅스에는 약 1000~2000종의 단백질이 있습니다. 이것도 지금의 기술로 파악한 숫자이고, 이보다 훨씬 더 많을 수도 있습니다. 만약 한 종류의 단백질이 대략 10~20개만 있다고 해도, 이들 시냅스 단백질의 수는 10~20배로 늘어납니다. 개수만 봐도 시냅스가 그렇게 간단한 것이 아니라는 것을 짐작할 수 있을 것입니다. 시냅스에 약 1000~2000종의 단백질들이 존재한다는 사실은 이들의 기능이 우리가 상상하는 것보다 훨씬 더 다양하다는 것을 의미합니다.

  그러면 시냅스 단백질의 기능은 어떻게 알 수 있을까요? 시냅스 단백질 전체를 파악하려면 상당한 시간이 걸릴 것입니다. 그러나 특정 단백질을 하나 골라서 그것이 뇌 기능과 어떻게 연관되는지 살펴보는 것은 가능한 일입니다. 공기가 없으면 공기가 왜 중요한지 알 수 있는 것처럼, 시냅스 단백질의 기능을 알아보려면 그 단백질을 없애보면 됩니다. 그러나 지금의 기술로는 특정 단백질을 골라서 없애는 것은 굉장히 어렵습니다. 뇌 속에는 신경세포가 1000억 개 이상이고, 그 신경세포 하나마다 시냅스가 1000~1만 개 정도가 있습니다. 그 각각의 시냅스에서 특정 단백질을 없애는 것은 불가능에 가깝습니다. 방법이 있다면 단백질을 만드는 유전자를 망가뜨리거나 없애는 것입니다. 시냅스 유전자를 망가뜨리면 단백질이 망가질 테니, 그때 뇌 기능에 어떤 문제가 생기는지 살펴보는 것입니다.

보통은 생쥐의 특정 유전자를 녹아웃시킵니다. 그러면 그 유전자에 해당하는 시냅스 단백질이 더 이상 만들어지지 않게 됩니다. 이렇게 단백질에 이상이 생기면, 시냅스와 신경회로에 이상이 생기고, 이것은 궁극적으로 뇌질환으로 이어질 것입니다. 그러면 이때 나타난 뇌질환과 특정 유전자를 연결시킬 수 있을 겁니다. 이 특정 유전자를 원인유전자라고 합니다.

만일 녹아웃 마우스에 정신병 증세가 나타난다면, 이는 특정 유전자가 특정 정신병과 관련이 있다는 강력한 증거가 됩니다. 그리고 이런 정신병 증상을 보이는 생쥐는 이 정신병을 연구하기 위한 모델동물이 됩니다. 이 모델동물은 신약을 개발하는 데 이용됩니다. 정신질환을 앓는 모델동물을 대상으로 어떤 약이 효과를 보이는지를 연구하는 겁니다. 생쥐의 정신질환을 치료하는 약은 어쩌면 인간의 정신질환을 치료할 수도 있을 것입니다.

정신질환을 앓는 생쥐

이제 정신질환을 앓는 몇 종류의 생쥐를 보여드리겠습니다. 시냅스 유전자가 제거된 생쥐에게서는 다양한 정신병 증상들이 나타납니다. 기억력이 떨어지는 생쥐, 행동이 산만해진 생쥐, 사회성이 극도로 떨어지는 생쥐, 지나치게 외모를 가꾸는 생쥐, 알코올에 중독된 생쥐, 삶의 의욕이 상실된 생쥐 등 다양합니다.

기억력이 떨어지는 건망증 생쥐를 예로 들어보겠습니다. 정상 생쥐와 건망증 생쥐를 비교하기 위해 실험을 해보면, 정상 생쥐는 물이 가득 찬 수조에 빠뜨렸을 때 주변에 있는 수조 속의 지형물을 이용해서 살아남으려고 합니다. 처음에는 어렵게 발 디딜 곳을 찾아 겨우 숨을 쉽니다. 그러나 두 번째부터는 공간학습이 이루어져서, 물에 빠져도 금세 발 디딜 곳을 찾습니다. 그러나 건망증 생쥐는 매번 물에 빠질 때마다 허우적댑니다. 시냅스가 없어서 기억하지 못했던 겁니다. 나이가 들어서 기억력이 떨어지는 이유를 이 한 마리 생쥐가 말해줍니다. 인간의 신경세포는 30년마다 절반으로 줄어들고, 시냅스 형성은 더욱 힘들어집니다. 때문에 물속을 허우적거리던 생쥐처럼 기억하지 못하는 겁니다.

건망증 생쥐는 공포기억 실험에서도 정상 생쥐와는 다른 행동을 보입니다. 생쥐가 들어 있는 실험 케이스에 전기충격 장치를 놓아두었을 때, 정상 생쥐는 케이스 안을 자유롭게 돌아다니다가 전기충격을 받으면 굉장히 무서워합니다. 그 근처에 가까이 가는 것을 싫어하고, 잔뜩 움츠러들어서는 잘 움직이지 않습니다. 공포기억이 심어진 것이죠. 그런데 건망증 생쥐는 똑같은 장소에 들어갈 때마다 매번 처음인 것처럼 신 나게 돌아다닙니다.

어떤 생쥐들은 유전자를 제거하면 상당히 산만해집니다. 실험 케이스

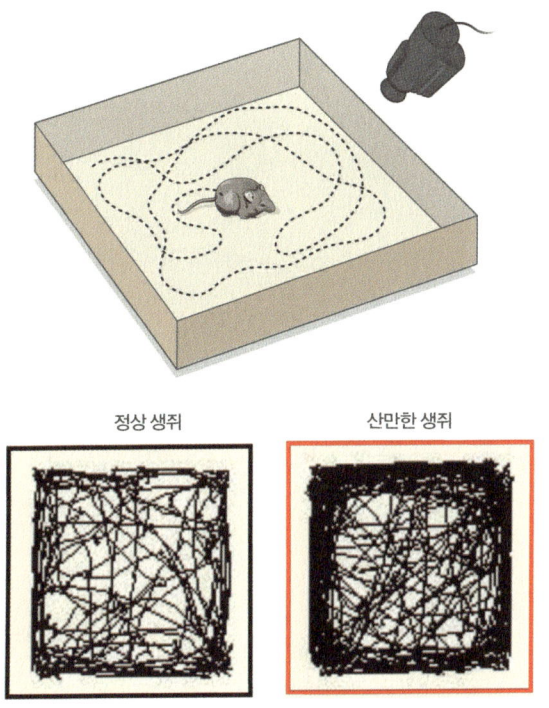

생쥐에서 특정 유전자를 제거하면, 정상 생쥐와 비교할 때 상당히 산만해진다.

안에 생쥐를 넣으면 대부분 처음에는 새로운 곳이므로 흥분해서 돌아다닙니다. 다만 산만한 생쥐는 훨씬 더 많이 돌아다닙니다.

자폐 생쥐는 실험 케이스 안에 넣으면 옆에 다른 생쥐가 있거나 없거나 전혀 관심을 보이지 않습니다. 생쥐는 사람과 달리 초음파 영역의 소리를 내는데, 정상 생쥐들을 실험 케이스 안에 집어넣으면 정신없이 초음파 영역의 소리를 내는 반면 자폐 생쥐는 소리를 내지 않습니다. 자폐 생쥐는 암컷일 경우, 새끼를 낳아도 전혀 돌보지 않습니다. 이처럼 유전자가 잘못되면 자식을 돌보는 데 관심이 없는 어미가 될 수가 있습니다.

보통 생쥐(위)와 달리, 자폐 생쥐(아래)는 다른 생쥐에게 관심을 보이지 않는다.

그 다음에 정신분열 생쥐를 보겠습니다. 영화 〈뷰티풀 마인드〉에서는 정신병에 걸린 천재 수학자 존 내쉬가 나옵니다. 스파이가 자신을 미행한다는 등 망상, 환상, 환청에 시달립니다. 정신분열에 걸린 생쥐의 경우, 생쥐에게 헛것이 보이거나 헛소리가 들리는지 알 수는 없지만, 우리는 정신분열 생쥐가 생쥐 무리에서 상당히 고립되어서 지내는 것을 관찰할 수 있습니다. 어떻게 보면 자폐 생쥐와 비슷하게도 보입니다.

다음은 강박증에 걸린 생쥐 사례입니다. 깨끗한 것에 강박증이 있는 사람들은 균이 있을 것 같다는 생각에 손을 하루에 50~100번씩 씻습니다. 생쥐에게는 안테나 역할을 하는 털이 있는데, 강박증에 걸린 생쥐는 이 털을 과도하게 관리해서 입 모양이 흉하게 변합니다. 이런 생쥐에게 강박증 환자에게 처방하는 약물을 주입하면, 정상 생쥐처럼 됩니다.

술에 강한 생쥐도 있습니다. 이 실험은 굉장히 간단합니다. 생쥐를 뒤집어 배에 주사기로 알코올을 주입하면, 생쥐들은 기절합니다. 이들 생쥐가 깨어나는 시간을 측정하면, 어느 생쥐가 술에 강한 생쥐인지 알 수 있습니다. 술을 좀 먹인 다음 '통나무 타기' 실험을 해보면, 술에 약한 생쥐는 바로 떨어지지만, 술에 강한 생쥐는 좀더 버둥거립니다. 알코올을 얼마나 좋아하는가를 실험해보아도, 술에 강한 생쥐는 아주 잘 마십니다. 알코올 중독 생쥐가 되기도 합니다.

우울증에 걸린 생쥐는 우울증에 걸린 사람들처럼 의욕이 없는 모습을 보입니다. 연구자들은 생쥐를 매달아보는 방법을 통해 이 생쥐가 얼마나 쉽게 포기하는지를 살펴보았습니다. 정상 생쥐는 버둥버둥 애쓰면서 어떻게든 이 상황을 벗어나려고 노력합니다. 그러나 우울증에 걸린 생쥐는 금방 포기하고 축 늘어집니다. 실험을 달리하여, 물이 가득한 수조에 빠뜨려보았습니다. 정상 생쥐는 어떻게든 물 밖으로 빠져나가려고

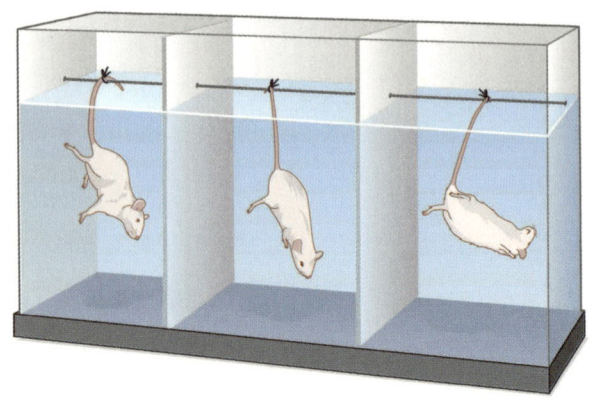

우울증에 걸린 생쥐(가운데)를 물속에 빠뜨리면, 쉽게 포기한다.

오랫동안 안간힘을 씁니다. 그러나 우울증에 걸린 생쥐는 훨씬 빨리 포기합니다.

지금까지 특정 유전자를 제거했을 때 생쥐에게서 정신질환 증세가 나타나면, 그 특정 유전자가 정신질환과 관련 있는 원인유전자라는 것을 알 수 있다는 점을 살펴보았습니다. 앞서 언급했듯이, 정신질환에 걸린 모델 동물은 질병을 치료하는 약물을 개발할 때 아주 유용할 것입니다.

앞으로 무슨 일들이 일어날까?

이제 향후 전망에 대해 간단히 살펴보면서 마무리 짓도록 하겠습니다. 종전까지의 연구는 "하나의 유전자는 하나의 질병과 연관이 있다"는 방향에서 이루어졌습니다. 그러나 이제는 "여러 개의 유전자가 여러 질병과 연관이 있다"는 방향에서 연구가 이뤄질 것으로 보입니다.

하나의 특정 유전자가 어떤 정신질환과 관련이 있는지 일일이 밝히는

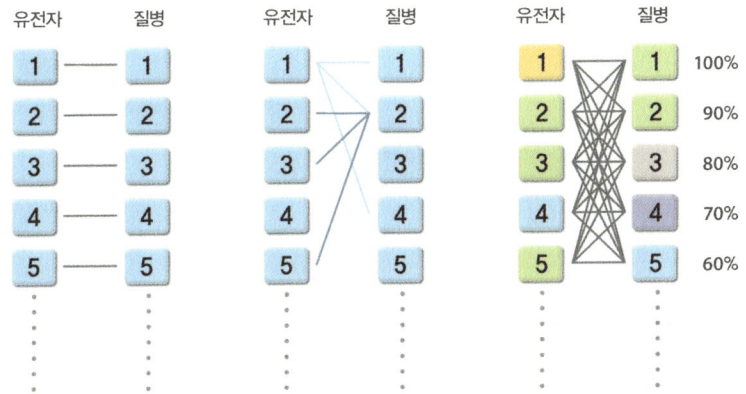

이제까지 "하나의 유전자는 하나의 질병과 연관이 있다"는 방향에서 연구가 이루어졌다면, 앞으로는 "여러 개의 유전자가 여러 질병과 연관이 있다"는 방향에서 연구가 이뤄질 것으로 보인다.

것은 시간이 걸리는 일입니다. 하나의 유전자가 여러 정신질환과 연관될 수도 있고, 반대로 여러 개의 유전자가 공통으로 영향을 미쳐 하나의 정신질환이 발생할 수도 있습니다. 그러나 연구가 축적되다 보면, 수천 개의 유전자와 수백 개의 정신질환과의 다층적 관계가 궁극적으로는 밝혀질 것입니다. 수년 내에 각 개인의 유전자 지도 전체가 밝혀질 것이고, 각 개인의 유전자 지도를 자세히 살펴보면 어느 정도 정신병 발생을 예측할 수 있는 날이 올 것입니다. 단, 이는 가까운 장래에 일어날 일은 아닙니다. 이유는 시냅스 단백질들의 기능을 연구하는 데 상당한 시간이 걸릴 것이기 때문입니다. 약물을 개발하고 실용화되는 데에도 시간이 걸릴 것입니다.

지금, 전 세계의 제약회사가 정신질환 치료제를 개발하기 위해 연간 100조가량의 돈을 쏟아붓고 있습니다. 그러나 실제 만들어지는 약품은 1년에 한 개 정도입니다. 이렇게 실적이 저조한 것은 그만큼 우리가 뇌신경계에 대해 잘 모르고 있기 때문입니다. 그럼에도 연간 100조 원 이상의 돈이 투자된다는 것은 그만큼 정신질환 치료제가 지닌 시장성이 굉장히 높다는 뜻입니다. 그러나 아직까지는 초보적인 상태입니다. 시간이 꽤 걸릴 것입니다.

이 강의에서는 유전자의 중요성에 다소 치우쳐서 이야기했지만, 유전자뿐 아니라 환경도 매우 중요하다는 것을 강조하고 싶습니다. 요즘 생명과학 분야에서는 환경이 유전자의 발현에 어떻게 영향을 미치는지를 연구하는 후성유전학이 각광을 받고 있습니다. 유전적 영향이 크기는 하지만, 유전정보만으로는 다 설명할 수 없다는 얘기입니다. 환경과 유전, 이 두 가지가 모두 중요합니다.

사람들은 제각기 다른 유전정보를 갖고 있습니다. 이 가운데 몇몇은 유전적으로 다른 사람들에 비해 정신질환에 걸릴 확률이 높을 수 있습니다. 그렇지만 그것이 전부가 아닙니다. 주어진 상황 속에서 어떻게 살아가느냐에 따라 얼마든지 주어진 상황을 좋게 만들 수 있습니다.

염증은 암과 어떤 관계일까

민도식 연세대학교 약학대학 교수

연세대학교에서 생명공학을 전공했으며, 포항공과대학교에서 생명과학으로 박사학위를 받았다. 미국 밴더빌트대학교 의과대학 연구원, 가톨릭대학교 의과대학 생리학교실 교수, 부산대학교 분자생물학과 교수를 거쳐, 현재 연세대학교 약학대학 교수로 재직 중이다. 염증 및 암세포의 성장과 사멸에 관심을 가지고 있으며, 현재 암 유전자의 기능 조절을 연구하는 중이다. 신진생리학자상(2000년), 일천 젊은 의과학자상(2003년), 한국과학기술 우수논문상(2003년) 등을 수상했다. 저서로서는 『성의 과학』(공저), 역서로는 『인체생리학』(공역) 등이 있다.

염증은 이물질이 생체에 침입했을 때 작동하는 초기 면역반응으로 열이 오르고 아프며, 몸의 어느 부위가 빨갛게 붓는 증상입니다. 이런 염증반응은 생체가 생존하는 데 필수적인 과정입니다. 이 시간에는 염증과 암이 무엇이고, 이 둘 사이에 어떤 은밀한 관계가 있는지에 대해 함께 이야기해보고자 합니다.

염증이란 무엇인가?

먼저 염증이라는 단어를 뜯어보겠습니다. 영어로는 'Inflammation'이라고 하는데, 여기서 'inflam'은 '불을 지피다'라는 뜻입니다. 염의 한자는 '불꽃 염(炎)'으로, '불 화(火)'자가 두 개 있습니다. 증은 '증세 증(症)'입니다. 염증은 '불꽃 증세'라는 뜻입니다. 즉 임상적으로 염증이라는 것은 불을 지피는 증세를 보입니다. 몸의 어느 부위가 빨갛게 달아오르면서 열이 나고 아픈 증상을 염증이라고 하는 것입니다.

염증은 초기에 자연 치유되거나 약으로 적절한 조치를 취하면 금세 회복되지만, 만약 초기에 염증을 제어하지 못하면 생체 기능이 상실되고 항상성이 깨져 만성감염, 자가면역질환, 대사성질환 등 다양한 질병을 초래할 수 있습니다.

질병은 거의 대부분 염증과 관련되어 있습니다. 머리, 눈, 코, 입, 귀, 식도, 위, 십이지장, 대장, 신장, 관절 등 우리 몸의 모든 기관에서 염증이 나타날 수 있습니다. 염증성 뇌질환, 결막염, 각막염, 망막염, 비염, 치주염, 중이염, 여드름, 식도염, 위염, 대장염, 신장염, 관절염 등 우리 몸의 대부분의 질환이 염증과 관련됩니다. 특히 식생활 습관의 서구화와 고령화로 인해 앞으로 염증질환 발병률은 더 늘어날 것으로 보입니다.

염증반응은 비특이적인 방어 기능이다

염증은 세균, 상처, 독물과 같은 해로운 자극에 대한 초기 면역반응입니다. 뾰족한 침에 찔리면 세균이 침입하게 되는데, 그때 손상된 조직 안의 세포들이 특정 화학물질을 분비합니다. 이 화학물질은 혈관을 이완시켜줌으로써 백혈구가 혈관을 통해 감염된 곳으로 이동하게끔 유인합니다. 백혈구가 세균과 싸우게 되는 겁니다. 그러면 빨갛게 부어오르고 열이 나고 고름이 나게 됩니다. 상처나 염증 부위에 흔히 생기게 되는 고름은 주로 죽은 백혈구와 염증반응이 일어날 때 모세혈관으로부터 새어나온 체액으로 이루어져 있습니다.

염증반응은 감염이 주변 조직으로 확산되는 것을 막아주는 역할도 합니다. 혈장에 존재하는 혈액응고 단백질도 염증이 있는 동안 세포 사이액으로 스며듭니다. 이들 단백질은 혈소판과 함께 상처 부위를 덮어 확산을 막는 국부적인 응혈을 만듭니다. 이것과 함께 상처 부위의 재생이 시작됩니다. 즉 치유가 시작되는 것입니다. 염증반응은 부분적으로 일어날 수 있지만, 온몸에 넓게 퍼질 수도 있습니다. 국부적인 면역반응은 치료 단계에서 필수적이지만, 보다 광범위한 면역반응은 위험할 수 있습니다.

그러면 염증을 일으키는 것은 무엇일까요? 여러 가지가 있습니다. 정신적·물리적 스트레스, 환경 독소(담배연기 등), 바이러스, 불량음식(직화, 튀긴 것, 짠 것, 붉은 육고기), 약물(알코올, 진통소염제, 아스피린, 항생제) 등이 있습니다. 이것들이 우리 몸에 들어오게 되면 세포 내에서는 활성산소 혹은 염증성 유도 물질이 많이 만들어집니다. 활성산소는 여러 가지 질병을 초래할 뿐 아니라, 노화를 일으키는 원인 물질로 잘 알려져 있습니다. 활성산소는 염증을 일으키는 주된 원인 중 하나입니다.

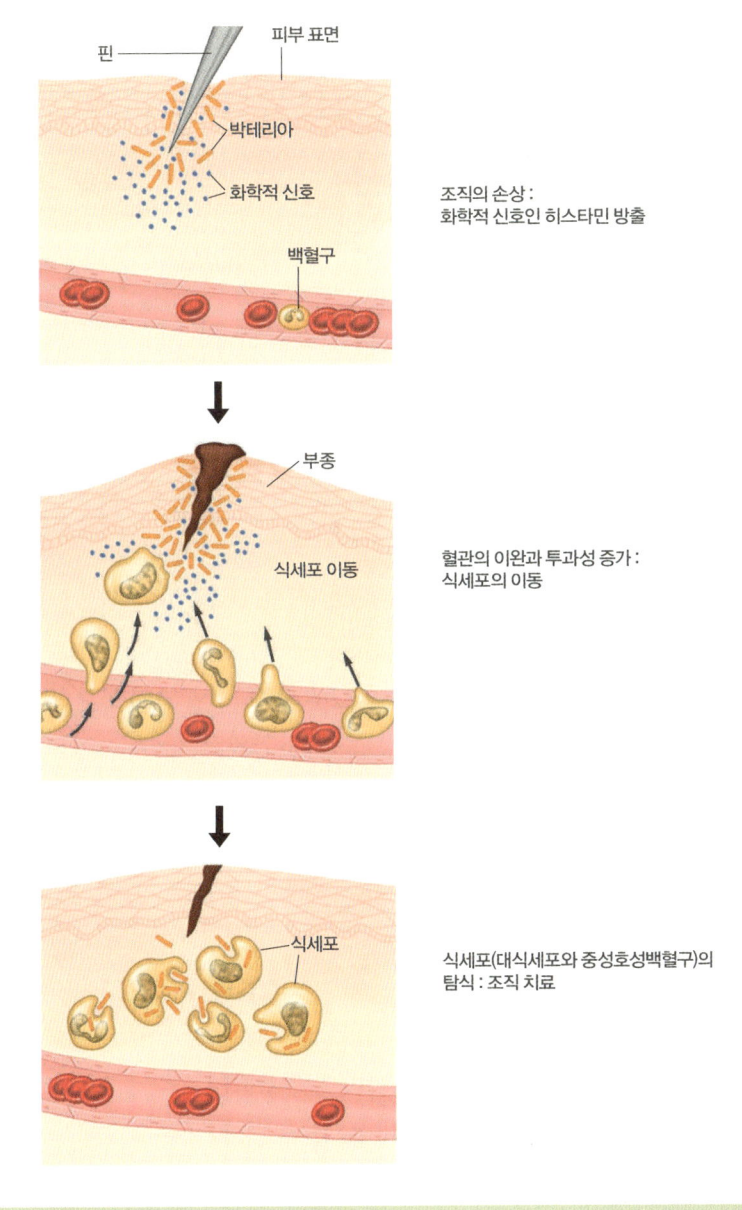

조직의 손상이 염증반응을 유도한다. 백혈구가 세균과 싸우면, 상처 부위가 빨갛게 부어오르고, 열이 나고 고름이 생긴다.

염증은 크게 두 가지로 나눠볼 수 있습니다. 짧은 시간 내에 염증을 일으키는 급성염증과 오랫동안 염증이 지속되는 만성염증이 그것입니다. 급성염증은 우리 생체의 자연 치유능력에 의해 사라지거나 약물을 통해 수일 안에 사라지는 특성을 지니는 염증입니다. 그러나 초기에 치료되지 못하고 오랫동안 염증이 지속되는 만성염증인 경우에는 여러 질병을 초래할 수가 있습니다. 생체 내부의 기능 손실과 항상성 불균형으로 인해 만성감염, 자가면역질환, 대사성질환 등으로 발전될 수 있습니다. 특히 나이가 들면 만성염증으로 가는 빈도가 높아집니다.

만성염증과 암 발생률

만성염증은 암 발생률을 증가시킵니다. 기관지염은 폐암, 위염은 위암, 염증성 장질환은 대장암, 자궁경부염은 자궁경부암이 될 수 있습니다. 최근의 연구 결과들은 염증과 암이 악순환의 연결고리를 통해 공통된 신호 전달로 이루어진다는 것을 보여주고 있습니다.

암은 로마신화에 나오는 야누스처럼, 두 얼굴을 가지고 있습니다. 처음에는 염증이라는 얼굴로 나타나 사람들을 안심시켰다가 나중에 만성염증이 되면 어느 순간 암이라는 얼굴로 바꾸고는 생명을 위협하는 것입니다.

특히 비만은 만성염증을 유도해 암 발생률을 증가시킵니다. 비만은 암 발생률을 5배 이상으로 높입니다. 세계보건기구에서는 글로버시티(Globesity)라는 신조어를 만들기까지 했습니다. 전 세계를 뜻하는 'global'과 비만을 뜻하는 'obesity'를 합성한 말입니다. 전 세계가 지금 '비만'의 위협에 처해 있다는 뜻입니다. 또 세계보건기구는 만성염증을 유

비만은 심장병, 고지혈증, 관절염, 뇌졸중 등 각종 질병을 일으키는 요인이다.

발시키는 주범 가운데 하나로 비만을 지목했습니다.

우리나라도 성인 인구만 따졌을 때 약 30퍼센트가 비만이며, 비만 인구 비율은 매년 3% 정도씩 증가하고 있습니다. 미국은 어린이까지 포함해서 30% 이상이 비만입니다. "비만은 세계에서 가장 빨리 번지는 전염병"이라고 할 만할 상황입니다.

비만이 지속되면 암뿐 아니라 다른 질병도 일으킵니다. 특히 당뇨를 유발시킵니다. 살이 찌면 내장에 있는 지방이 늘어나고, 이 내장지방이 혈액으로 이동하면 콜레스테롤과 활성산소를 증가시키며, 이것은 조직 손상을 유도합니다. 인슐린의 효과도 떨어뜨립니다. 혈중에 있는 포도당이 세포 내로 유입되어 혈중 포도당 농도가 감소되어야 하는데, 내장지방의 지방이 포도당 대신에 세포로 유입됩니다. 인슐린이 분비되더라도 혈중 포도당이 세포 내로 유입되지 않아 혈중 포도당의 농도가 증가하게 되는 것입니다. 이를 '인슐린 저항성'이라고 하며, 제2당뇨병의 원인이라고 볼 수 있습니다. 우리 몸은 계속해서 인슐린을 분비하고, 인슐린이 많이 만들어지게 되면 신장에 영향을 미쳐 신장염을 유발시킵니다. 신장의 기능이 좋지 않게 되면 상태는 더욱 나빠집니다. 배설 기능이 작동되지 않고, 교감신경을 자극해서 심장박동을 빠르게 하고 혈압을 높입니다. 혈액 속에 포도당이 많으니까 피가 끈적끈적해집니다. 이러면 혈액의 흐름이 원활하지 못해서 심혈관질환, 동맥경화, 심장병, 뇌졸중, 고지혈증, 고혈압까지 일으킵니다. 비만은 이처럼 위험한 것입니다.

그러면 비만인지 아닌지는 어떻게 알 수 있을까요? 몸무게(kg)에서 키를 제곱한 값(m^2)을 나누면 체질량지수가 나옵니다. 만약 그 수치가 25 이상이면 비만이라고 생각하면 됩니다. 수치가 비만으로 나오면 적절한 운동과 저칼로리 식품을 섭취하면서 비만이 되는 것을 막아야 건강한 삶을 살 수 있습니다.

또 고지방식 식사는 만성염증과 암 발생률을 증가시킵니다. 이는 동물실험을 통해 이미 검증된 사실입니다. 지방이 많이 함유된 음식을 쥐에게 투여해보니 간암 발생률이 증가했습니다. 원인을 조사해보니, 간에 지방이 축적되어 염증반응을 유도하는 염증세포들을 유입시키고, 그 염증세포들이 다시 염증을 일으키는 물질을 만들어냈던 것입니다. 그것은 오랜 시간 동안 만성염증이 되었습니다. 그리고 이 만성염증은 간암 발생률을 높였습니다.

염증에서 암으로

바이러스에 의한 간염이든지 알코올성 간염이든지 염증이 생긴 다음, 이것이 오랫동안 지속되면 간이 딱딱해지는 간경변이 되고, 이것은 시간이 더 지나면 간암이 될 확률이 아주 높습니다. 물론 반드시 간염이 간경변이나 간암이 되는 것은 아닙니다. 간염 상태에서 완치될 수 있지만, 적절한 치료가 이뤄지지 않으면 간경변과 간암으로 이어질 확률이 높아집니다.

위염도 마찬가지입니다. 짜거나 타거나 매운 음식을 먹게 되면 위염에 걸리고, 그것이 지속되면 위암으로 진행될 가능성이 높습니다.

우리나라 사람들이 가장 많이 걸리는 암은 위암입니다. 초기에는 안쪽 층에 암이 생기고, 위암이 진행될수록 바깥층으로 암이 자라서 다른 장기로 전이되곤 합니다. 그래서 조기 검진을 통해 일찍 발견하게 되면 완치율이 상당히 높습니다.

궤양성 대장염과 크론병은 아직 원인이 정확히 밝혀지지 않은 만성염증성 장질환입니다. 염증성 장질환에 걸린 사람들은 대장암 발생률이 상당히 높고, 발병 시기도 이릅니다. 아직 이렇다 할 치료 방법이 없습니다. 염증을 억제시키기 위한 약물을 투여하는 것이 치료 방법이긴 한데, 그렇게 효과가 큰 것은 아닙니다. 최근 식생활이 서구화됨에 따라 염증성 장질환 환자가 많이 증가했습니다. 가족성용종은 유전질환으로, 사춘기 정도 되면 대장에 용종이 수천 개에서 수만 개가 생깁니다. 그래서 스무 살 즈음 대장을 다 들어내는 수술을 받아야 합니다. 이때 수술하지 않으면 전이가 일어나 생명이 위독해질 수가 있기 때문입니다.

관절염도 대표적인 염증질환입니다. 관절염은 퇴행성관절염과 류머티스관절염으로 나누어볼 수 있습니다. 퇴행성관절염은 나이가 들수록 관

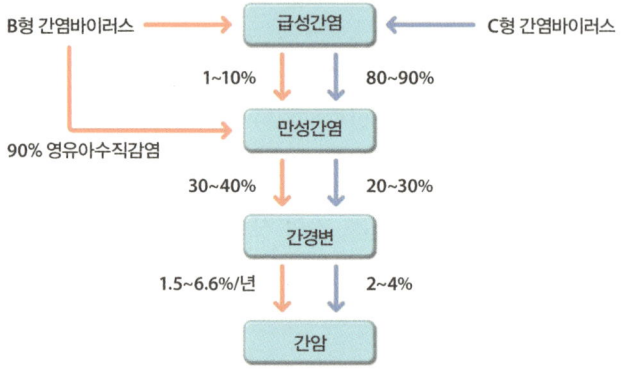

간에 염증이 생긴 뒤, 이것이 오랫동안 지속되면 간경변, 간암 등을 일으키는 요인이 된다.

절에 염증이 생기는 것으로, 대개 큰 관절에서 생깁니다. 그러나 류머티스관절염은 퇴행성관절염과는 비교가 안 될 정도로 증세가 심한 염증으로, 관절이 크든 작든 모든 관절에서 염증이 생깁니다. 퇴행성관절염과 류머티스관절염은 둘 다 만성염증성 질환입니다.

　류머티스관절염은 유전적·환경적 요인에 의해 자가면역반응, 즉 면역 이상반응으로 생기는 관절염입니다.

　류머티스관절염이 생기게 되면 염증세포가 관절 쪽으로 이동합니다. 염증세포들이 염증을 유도시키는 물질을 분비하면 활막세포들이 자극을 받아 마치 암세포처럼 무절제하게 증식합니다. 이러한 증식으로 세포덩어리가 커지면 활막세포는 또다른 염증성 물질을 분비하게 되고 염증을 일으킵니다. 염증이 일어난 부위는 발갛게 타오르게 됩니다. 활막세포는 연골과 뼈를 파괴시키는 물질을 분비함으로써 골다공증을 유발시키는 상황을 연출합니다. 관절 쪽은 그야말로 전쟁터를 방불케 합니다. 류머티스관절염은 만성염증성 특성을 가지고 있기 때문에 암 발생률도 높다고 알려져 있습니다.

류머티스관절염은 암과 닮은 점이 많습니다. 활막세포의 무절제한 세포 증식만 봐도 닮았습니다. 활막세포는 신생혈관을 만들어 계속 증식하는데, 이 또한 암세포와 닮았습니다. 암세포 또한 죽지 않기 위해 신생혈관을 만들어 무절제하게 세포를 증식시킵니다.

암, 세포의 증식과 사멸의 비정상적인 조절

암의 한자(癌)를 보면 입 구(口)가 세 개 있고, 산이 하나가 있습니다. '입이 많이 먹어서 배가 산처럼 부른다', 즉 많이 먹게 되면 암 발생률이 높아지게 된다는 것을 의미합니다. 암(cancer)은 그리스어 '카시노마(carcinoma)'라는 용어에서 유래하는데, 이 말은 게(crab)를 뜻합니다. 즉 마치 게가 가슴을 꽉 깨물어 빨갛게 부어오르고 통증을 느끼게 한다는 뜻에서 나온 말입니다. 그래서 서양의 '암 박멸'을 기리는 우표를 보면, 칼이 꽂힌 게 그림을 종종 볼 수 있습니다. 암은 고대 이집트인에게서도 발견된 아주 오래된 질병입니다. 쥐라기 공룡에서 암의 전이가 발견되기도 했습니다. 이런 것을 보면 암은 생명체가 탄생한 이후부터 줄곧 따라다녔던 질병이 아닌가 하는 생각이 듭니다.

암세포는 무절제하게 증식하는 세포덩어리입니다. 정상세포라면 적절하게 세포분열을 통제해서 세포 항상성을 유지해야 하는데, 암세포는 세포분열을 끊임없이 일으켜 무절제하게 증식합니다. 정상세포는 세포분열을 하다가 세포가 손상되면 죽습니다. 계속 증식하는 암세포는 신생혈관이 만들어지면 세포 죽음을 피하게 되고, 다른 조직으로 전이를 일으키기도 합니다. 그래서 암세포를 없애려면 암세포의 특성을 이용하는 방법을 고안할 필요가 있습니다. 예를 들어 무절제한 증식을 억제시키는 약물, 전이를 억제시키는 약물, 혈관 생성을 억제시키는 약물 등이 암의 진행을 느리게 한다든가, 암세포의 증식을 막는다든가 할 수 있을 것입니다.

쉽게 말해, 암이라는 것은 세포 증식은 왕성하면서도 세포 사멸은 잘 일어나지 않는 특성을 보이는 질병입니다.

그러면 어떻게 세포 증식이 많이 일어나게 되는 것일까요? 우리 몸에는 건강한 사람이라 할지라도 암유전자를 갖고 있습니다. 그러다가 여러 가지 내적 요인에 의해 암유전자가 활성화되면 단백질이 만들어져 끊임없이 세포 성장을 촉진시킵니다. 세포분열이 조절되지 않은 채 세포가 끊임없이 증식되는 것입니다. 우리 몸은 암억제유전자도 갖고 있습니다. 암억제유전자는 세포 사멸, 즉 세포를 죽이게 하는 유전자입니다. 암에 걸리면 암유전자는 활성화되는 반면, 암억제유전자는 비활성화됩니다. 그래서 세포는 끊임없이 증식되는데 세포 사멸은 일어나지 않아, 암세포는 죽는 대신 성장만 촉진됩니다.

암은 크게 두 가지, 즉 착한 종양(양성종양)과 나쁜 종양(악성종양)으로 나눌 수 있습니다. 양성종양은 자라는 속도도 아주 느리고, 주변 조직으로 침투되지 않을뿐더러 전이되지 않는 특징을 갖고 있습니다. 양성종양은 수술을 통해 제거하기가 쉽고, 제거한 이후에도 거의 재발하지 않습니다. 예후가 좋은 것이 특징입니다. 그러나 악성종양은 자라는 속도가 아주 빠르고, 주변 조직으로 침투할뿐더러 전이를 잘하는 특징을 갖고 있습니다. 제거 수술을 하더라도 재발 가능성이 높고, 다른 조직으로 전이될 가능성이 높습니다. 악성종양일 때에는 예후가 좋지 않습니다.

암이라는 것은 짧은 시간에 생기는 것이 아니라 대개 20~30년에 걸쳐

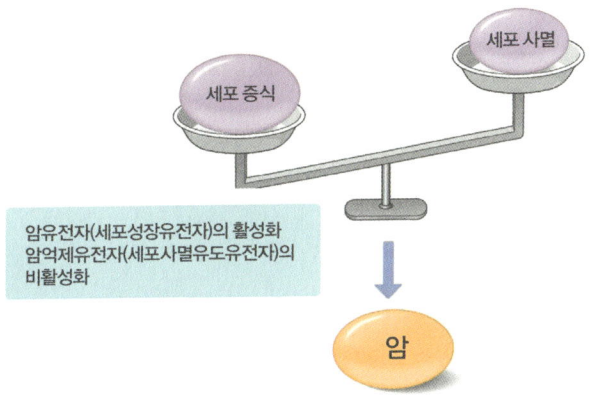

세포가 무한히 증식하면서 세포가 죽지 않게 되면 암을 일으킨다.

생깁니다. 초기에는 암억제유전자가 돌연변이를 통해 비활성화되고 암유전자가 돌연변이를 통해 활성화되면, 돌연변이의 연속으로 오랜 시간에 걸쳐 유전자 변형이 축적되고 그것이 암을 발생하게 합니다. 암이 상당히 진행되었을 때 발견하게 되면 치료 효과가 나쁘기 때문에, 조기검진은 그만큼 중요합니다. 조기에 치료할수록 완치율도 높습니다.

암 치료가 까다로운 것은 항암제에 대한 내성으로 항암제 효능이 떨어져서이기도 하지만, 전이를 잘 일으키기 때문입니다. 암이 다른 장기로 전이되어 그곳에서 2차 암을 발생시키면 치료하기가 무척 어렵습니다.

인류와 암과의 전쟁

인류와 암과의 전쟁은 역사가 깊습니다. 현대에 이르러서 미국의 닉슨 대통령은 1971년 12월 23일에 급기야 '암과의 전쟁'을 선포했습니다. 20세기에는 암을 찾아내서 파괴해야 할 대상이라고 생각했던 것입니다. 그러나 21세기가 되면서부터 관점이 약간 달라졌습니다. 암을 없애는 것이 아니라 그것을 관리하면서 암세포와 더불어 살아가는 방법을 모색하기 시작한 것입니다. 암세포가 적절하게 성장을 멈출 수 있도록, 즉 암세포를 조절의 대상으로 여긴 것입니다. 마치 당뇨를 치료할 때 평생 약을 먹으며 치료하듯이, 암도 끊임없이 관리하면서 치료해야 할 대상이라고 생각하는 것입니다. 더욱이 나이가 들수록 암 발생률이 점차 증가하는데, 평균수명이 늘어났기 때문에 암은 이제 피해갈 수 없는 부분이 되었습니다.

염증과 암의 악순환 고리

앞에서도 언급했듯이, 만성염증은 암 발생률을 증가시킵니다. 염증이 오래 지속되면 만성염증이 일어나고, 이러한 만성염증은 암 발생률을 높이는 식으로, 염증과 암의 악순환은 연결되어 있습니다.

염증이 일어나게 되면 염증세포들이 염증성 물질을 분비하고, 염증성 물질은 인근의 정상적인 세포를 자극해서 세포 증식을 일으킵니다. 이 과정에서 만성염증을 매개하는 단백질이 암을 매개하는 단백질이기도 하다는 사실이 밝혀졌습니다. 염증과 암을 공통으로 조절하는 가교단백질을 발견한 것입니다. 즉 그 가교단백질은 만성염증도 유발하고 암도 유발할 수 있는 단백질이었습니다. 그럼 이렇게 생각해볼 수 있을 겁니다. '염증과 암을 잇는 연결고리인 단백질의 기능을 제어한다면 염증과 암을 치료할 수 있지 않을까?' 만약 그 단백질의 기능을 억제시키는 약물을 찾게 된다면 염증과 암을 제어할 수 있지 않을까, 하는 것입니다.

실제 저희 연구실에서는 염증과 암을 공통적으로 조절하는 단백질을

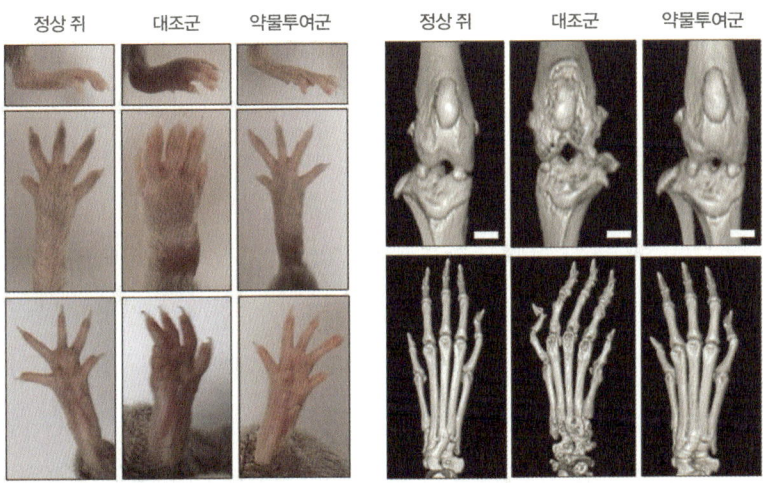

가교단백질 억제약물이 류머티스관절염의 증상을 완화시킨다.

찾아내고는, 그 단백질의 기능을 억제시키는 약물을 이용할 때 과연 효과가 있는지 검증해보았습니다.

우선 만성염증인 류머티스관절염을 앓는 쥐를 이용해 모델을 만들었습니다. 발가락이 퉁퉁 붓고 빨갛게 부어오른 쥐에 약물을 투여했더니 정상 쥐와 유사한 모습을 보였습니다. CT 촬영을 해보았더니, 약물을 투여했을 때 증상이 상당히 완화된 것을 확인할 수 있었습니다. 이 실험 결과로 염증과 암을 공통적으로 조절하는 단백질의 기능을 억제시키면 만성염증인 류머티스관절염을 억제하는 효과가 나타난다는 것을 알 수 있었습니다.

그러면 이 약물은 암에 대해서는 어떤 효과가 있을까요? 면역력이 결핍되어 있는 쥐에 암세포를 주입하면 암이 생기게 됩니다. 암에 걸린 실험쥐에 가교단백질의 기능을 억제하는 약물을 투여해보았습니다. 그랬더니 암 생성이 감소되었습니다. 가교단백질의 기능을 억제하는 약물이 만성염증과 암을 억제할 수 있다고 볼 수 있는 것입니다.

정리하자면, 만성염증과 암은 연결되어 있습니다. 암과 염증에 공통된 가교단백질을 찾아내서 그 단백질의 기능을 억제하는 약물은 염증과 암을 치료할 수 있는 표적단백질이라고 생각할 수 있습니다.

염증은 암 발생률을 증가시키기 때문에 염증과 암에는 안 걸리면 안 걸릴수록 좋은 일입니다. 예방하자면 기본적으로 어떻게 해야 할까요? 무엇보다 운동과 건강한 식습관, 조기검진이 중요합니다. 특히 과일과 야채가 몸에 좋습니다. 과일과 야채에는 활성산소를 제거하는 항산화 물질이 많이 들어 있기 때문입니다. 운동을 통해서도 활성산소가 생성되는 것이 억제됩니다. 식이조절, 운동, 금연, 염증 완화 등은 염증과 암을 예방할 수 있는 좋은 방법이라고 할 수 있습니다.

늙으면 모두 죽어야 하는가

박상철 서울대학교 노화고령사회연구소 고문, 삼성종합기술원 웰에이징 센터 부사장

서울대학교 의과대학을 졸업하고 생화학 전공으로 의학 박사학위를 받았다. 서울대학교 의과대학 교수로 봉직하면서, 과학기술부 우수연구센터인 노화세포사멸연구센터와 서울대학교 노화고령사회연구소 소장 직을 맡았고 가천대 이길여암당뇨연구원 원장을 역임한 후 현재는 삼성종합기술원 웰에이징연구센터를 맡고 있다. 주 연구는 노화 분야이며, 국내외적으로 대한생화학분자생물학회, 한국분자·세포생물학회, 한국노화학회, 한국노인과학학술단체연합회, 국제노화학회, 국제단백질교차결합학회 국제백세인연구단 등의 회장을 역임했다. 국민훈장모란장을 수훈하였으며, 올해의 과학자상, 유한의학대상, 동헌생화학대상 등을 수상했다. 주요 저서로는 『생명보다 아름다운 것은 없다』, 『노화 혁명』, 『백세인 이야기』, 『웰에이징』, 『한국의 백세인』 등이 있다.

사람은 어떻게 나이가 드는 것일까요? 과연 늙는다는 것은 무엇일까요? 인류가 아직 풀지 못한 큰 과제 중 하나로 '노화를 우리가 막을 수 있을까?' 하는 것이 있습니다. 인간의 평균수명이 나날이 늘어나고 있습니다. 앞으로 다가오는 세상은 노인들의 세상입니다. 30~40년이 지나면 절대적으로 노인의 숫자가 많아질 겁니다. '노화'가 중요한 문제가 될 수밖에 없습니다. 이번 강의에서는 인간의 노화에 대해 여러분들께 이야기하도록 하겠습니다.

나이가 든다는 것

세계적으로 고령 인구가 급속도로 늘고 있습니다. 한국의 경우, 1960년에 평균수명이 52.4세였던 것이, 1975년에는 63.8세, 2010년에는 78.8세로 올라갔습니다. 불과 50년 사이에 평균수명이 30년이나 늘었습니다. 예전에는 회갑잔치를 했지만, 요새는 여든 살 정도 되어야 잔치를 합니다.

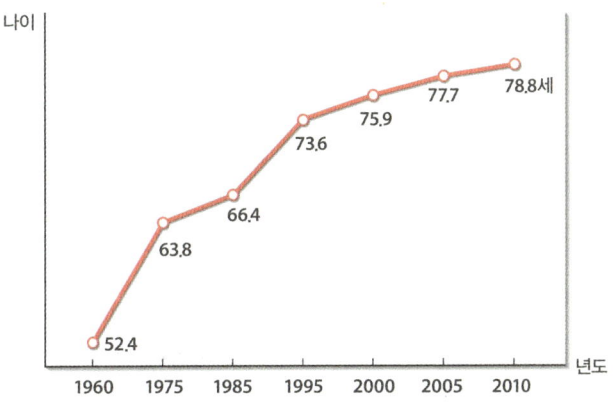

한국인의 평균수명이 50년 사이에 30년이 늘어났다.

인간이 아니라 다른 생명체에게도 눈을 돌려보겠습니다. 미국 샌프란시스코 북쪽에는 레드우드파크가 있습니다. 그곳 나무들의 크기를 보면, 폭은 5미터, 키는 100미터에 육박합니다. 이 레드우드라는 나무는 보통 3000년을 사는 것으로 알려져 있습니다.

과학계에서 인정하는 최고 장수 식물은 캘리포니아 사막에서 발견된 브리스톨콘 파인입니다. 잣나무의 일종입니다. 이 나무는 5000년 이상을 산 것으로 확인되었습니다. 어떻게 이 나무는 한 자리에서 5000년 이상을 살 수가 있었을까요? 이것은 굉장히 큰 의문입니다.

다른 동물은 어떨까요? 실험실 생쥐의 평균수명은 2년입니다. 실험실에서 잘 관리하면 3년까지도 삽니다. 거북은 300년 정도 사는 것으로 확인되었습니다. 찰스 다윈이 1800년대에 표시한 거북이 지금도 살아 있

세계에서 가장 오래된 나무 브리스톨콘 파인

습니다. 300년 정도 산 것입니다. 모든 거북이 이렇게 오래 사는 건 아닙니다.

그러면 사람은 어떤가요? 성경을 보면 996년을 산 므두셀라가 등장합니다. 그렇게 기록되어 있습니다. 그러나 언제 태어나서 언제 죽었는지, 출생기록이 확실한 사람 중 가장 오래 산 사람은 프랑스 할머니 장 칼망(Jean Calment)입니다. 122년 6개월을 살았습니다. 이 할머니는 스무 살 때 그림물감 장사를 했는데, 인상파 화가 반 고흐의 그림물감을 대주었다고 합니다.

이처럼, 사람을 포함한 동식물은 종류에 따라 수명이 굉장히 다릅니다. 이것은 왜 다를까요? 이것도 우리가 알아내야 할 중요한 숙제 중 하나입니다.

한번 생각해봅시다. 수명을 결정하는 것은 유전적 요인일까요, 아니면 생활습관이나 환경적 요인일까요? 유전과 환경은 항상 충돌합니다. 유전적 요인을 강조하는 학자도 있고, 환경적 요인을 강조하는 학자도 있습니다.

재미있게도, 장 칼망 할머니의 가족을 보면, 19세기인데도 아버지에서부터 형제들까지 모두 아흔 살을 넘게 살았습니다. 이 사례를 보면, 유전적인 요인이 수명에 결정적인 요인이 아닐까 하고 생각하게 됩니다. 그러나 유전만으로는 모든 것을 설명할 수 없습니다. 그래서 장수와 노화를 연구할 때, 유전적 요인과 환경적 요인을 반드시 비교해서 연구하게 되어 있습니다.

노화란 무엇일까요? 사람이 늙으면 어떤 일이 벌어질까요? 늙으면 죽습니다. 여러 가지 기능과 구조가 변합니다. 외부 자극에 대해 잘 반응하지 못하게 됩니다. 병에도 취약합니다. 이런 것들은 모두 노화의 특징들입니다.

노화는 어떻게 연구하는가

노화 연구 분야에서 굉장히 주목받는 연구는 노화종적관찰 연구입니다. 동일한 인물을 대상으로 10년, 20년, 30년을 추적하는 것입니다. 미국 국립노화연구소에서는 1967년부터 30년 동안 1000명 이상을 대상으로 추적조사를 했습니다. 2년마다 생리적 변화, 생활습관, 성격 변화 등을 모니터링한 것입니다. 그랬더니 아주 재미있는 결과가 나왔습니다.

첫 번째 결론은 사람마다 늙어가는 속도가 다르다는 것이었습니다. A라는 사람은 70대인데도 50대처럼 보이고, B라는 사람이 60대인데도 80대처럼 보였습니다. 이는 사람마다 늙어가는 속도가 다르기 때문이었습니다.

두 번째는 같은 사람이라도 몸속 장기마다 늙어가는 속도가 다르다는 것이었습니다. 이는 아주 중요한 사실입니다. 간이 늙어가는 속도, 심장이 늙어가는 속도, 신장이 늙어가는 속도가 달랐습니다. 유전정보가 똑같아서, 장기들이 똑같이 늙어가는 줄 알았는데 말입니다.

이런 연구 결과는 노화에서 유전, 환경, 생활습관 중에서 무엇이 가장 큰 영향을 미치는지에 대해 여러 가지 검토를 하게 했습니다. 그리고 이 검토를 바탕으로 학계에서는 유전적 요인이 차지하는 비중을 노화의 30%, 환경과 생활습관이 차지하는 비중을 나머지 70%로 보고 있습니다. 즉, 노화는 유전적인 요인뿐 아니라 외부 환경과의 교류를 통해서 나오는 결과라는 것입니다.

여기서 주목할 것은 '노쇠'입니다. 단순히 나이가 들었다는 것이 문제가 아니라, 나이가 들어 활동을 잘하지 못하는 것이 문제입니다. 이렇게 활동에 문제가 생길 때 '노쇠'라는 말을 씁니다. 노쇠하면, 먹는 것에도 의욕이 없고 움직이는 것도 힘들고 머릿속도 복잡해집니다.

왜 나이가 들면, 노쇠해지는 것일까요? 나이가 들었을 때 병이 드는 것은 노화 때문일까요, 아니면 다른 원인 때문일까요? 노화와 노쇠는 구별할 필요가 있습니다. 노화는 병이 아닙니다. 나이가 들었다는 이유로 반드시 기능을 하지 못하는 것은 아니기 때문입니다.

이런 노화 연구에는 예쁜꼬마선충, 효모, 초파리, 쥐가 모델동물로 가장 많이 이용됩니다. 사람을 대상으로 할 때에는 쌍둥이 연구를 가장 많이 합니다. 일란성 쌍둥이가 환경에 따라 노화 속도에 차이를 보이는지 연구하는 것입니다. 그 다음 대표적인 노화 연구로는 조로증 연구가 있습니다. 워너 증후군(Werner syndrome), 허친슨-길포드 증후군(Hutchinson-Gilford syndrome)처럼, 일반인에 비해 급격하게 노화되는 현상이 왜 생기는지 연구하는 것입니다. 그리고 장수하는 사람들을 대상으로 한 노화 연구도 대표적인 연구로 꼽을 수 있습니다.

대부분의 사람들은 '노화'라면 누구나 피할 수 없고, 돌이킬 수도 없는, 비가역적이고 필연적이며, 보편적인 변화라고 생각합니다. 노화되면 기능이 떨어지고, 형태가 변화하고, 더 나아가 노인성 질환에 많이 걸립니다. 노인성 질환은 많은 사람들이 앓는 병일 뿐 아니라, 하루이틀 아프고 낫는 병이 아니라 지속적으로 병세가 악화되는 질환입니다.

그러다보니 노인들에게 가장 문제가 되는 것은 삶의 질이 떨어진다는 것입니다. 인공호흡기 사용 등 의학의 도움으로 생명을 부지하는 경우도 생겨서, 인간의 존엄성 문제가 대두되기도 했습니다.

본질적인 질문을 하나 던져보도록 하겠습니다. 노화는 어떻게 연구하는 것이 좋을까요? 가장 좋은 연구는 사람의 일생을 추적해가면서 연구하는 노화종적관찰 연구일 겁니다. 그러나 그것은 시간과 비용이 너무나 많이 드는 연구입니다. 쉽게 할 수 있는 연구가 아닙니다. 가능한 연구로는 장수하는 사람들은 어떤 특징을 지니는가, 노쇠 현상이란 무엇인가, 늙으면 병이 얼마나 많이 생기는가, 늙으면 반드시 죽어야 하는가, 수명을 연장할 수 있는가, 늙어도 활발하게 생활할 수 있는가(기능적 장수) 등이 있을 겁니다. 중요한 연구 주제들입니다.

수명 연구는 전 세계적으로 많이 진행되고 있습니다. 앞서 언급한 바 있는데, 대표적으로 미국 볼티모어의 국립노화연구소가 진행하는 수명 연구를 꼽을 수 있습니다. 서울대에서도 종적관찰 연구를 진행했습니다. 한국 사람들이 40대, 50대, 60대, 70대에 어떻게 변화하고 있는가를 연구하는 것입니다.

현재 진행되는 수명 연구를 보면, 별의별 것을 다 연구합니다. 가령, 85세 이상 된 노인이 제대로 일상생활을 할 수 있는지를 살펴봅니다. 혼자 옷을 갈아입을 수 있는지, 세수를 할 수 있는지, 혼자 밥을 먹을 수 있는지 등을 살핍니다. 휴대전화와 같은 기계를 사용할 수 있는지, 가게에서 물건을 살 수 있는지, 대중교통을 이용할 수 있는지 등 아주 세세한 것까지 모니터링합니다.

정신적으로 건강한지도 살핍니다. 예를 들어 100세 어르신에게 우리나라 이름을 물어보면, 몇몇 분들은 대한민국이라고 하지 않고 조선이라고 대답합니다. 노인들이 현재 제대로 된 시공간 감각을 지니고 있는지를 조사하는 것입니다. 여러 가지 그림들을 쭉 펼쳐놓고, 각 그림들이 무엇인지 물어보기도 합니다. 나이가 들수록, 순간적으로 대답하는 데 시간이 더 많이 걸립니다. 시간이 얼마나 걸리는지 조사하는 것입니다. 그림을 던져놓고 그림을 그려보라고 하기도 합니다. 1분 뒤에, 5분 뒤에 다시 생각해서 그려보라고 합니다. 일종의 기억력 테스트입니다. 이를 통해 노인의 인지능력, 지각능력, 성격 변화 등을 조사할 수 있습니다.

이런 실험은 노인들뿐 아니라, 비교할 수 있게끔 40대, 50대, 60대, 70대, 80대를 대상으로 진행됩니다. 모자이크, 블록 등을 이용해 조사해보면, 연령대별·성별 패턴이 보입니다. 자기중심적 성격, 협동심에서 보이는 성별 차이를 분석하기도 합니다.

생존전략으로서의 노화

사람이 나이가 들면, 키가 작아지고 근육이 줄어듭니다. 근육이 없어져서 활동률도 떨어져버립니다. 움직이는 능력 자체가 떨어지게 되는 겁니다. 이뿐 아니라, 신경전도 속도, 신장, 기능, 작업 능률 등이 다 떨어집니다. 노화 현상의 가장 큰 특징입니다.

이런 노화 현상에 대해 사람들은 늙는다는 것은 돌이킬 수 없다고 생각해왔습니다. 운명론적인 관점이라고 할 수 있습니다. 나이 드는 것은 어쩔 수가 없다고 생각하는 겁니다.

그런데 정말 늙으면 그만인가요? 만약 세포도 바꾸고, 장기도 바꾸면 어떻게 되는 걸까요? 질문을 바꿔보도록 하겠습니다. 우리는 늙으면 죽어야 할까요? 혹시 더 잘 죽기 위해 노화가 오는 것은 아닐까요?

한번 실험을 해보았습니다. 젊은 세포와 늙은 세포를 놓고 자외선을 쏘아주고 화학물질을 처리하는 실험이었습니다. 높은 강도의 자극을 주었더니, 젊은 세포는 DNA가 다 깨졌습니다. 세포가 죽어버린 것입니다. 그런데 늙은 세포는 DNA가 깨지지 않았습니다. 세포가 죽지 않은 것입니다. 많은 과학자들이 이 실험 결과에 깜짝 놀랐습니다. 젊은 세포가 더 잘 버틸 줄 알았는데, 늙은 세포가 더 잘 버텼던 것입니다.

그래서 세포가 아니라 한 개체를 대상으로 실험을 진행했습니다. 젊은 쥐와 늙은 쥐를 비교해보았습니다. 젊은 쥐와 늙은 쥐의 복강에 독성물질을 주사했습니다. 이 독성물질은 DNA를 파괴하는 물질입니다. 그런 다음 간, 신장 등의 조직 변화를 살펴보았습니다. 어떤 일이 벌어졌을까요? 젊은 쥐의 간세포들은 다 죽어버렸습니다. 그런데 늙은 쥐의 조직에서는 그렇지 않았습니다. 젊으면 더 잘 살아나고, 늙으면 더 잘 죽을 것이라는 예상과 다른 결과를 보인 것입니다. 늙은 세포와 늙은 동물이 외부의 자극과 독성에 더 높은 생존력을 보였습니다.

이 실험 결과는 기존의 통념을 뒤집는 새로운 관점을 제시했습니다. '늙는다는 것은 죽어가는 과정이 아니다'라는 관점입니다. 나이 듦은 생명체가 죽어가는 과정이 아니었습니다. 늙는다는 것은 죽어간다는 것이 아니라 살아남는다는 것을 의미했습니다. 즉 생명체가 여러 가지 나쁜 환경에서 생명을 건지려고 노력하는 것이 '노화'였습니다.

그러면 이렇게 생각할 수 있습니다. 만약 노화가 적응 현상이라면, 이것은 생명체가 적극적으로 변화되는 것이고, 이때 변화된 것을 찾으면 그것을 조절할 수 있지 않을까? 세포와 장기를 건강한 것으로 바꾸는 방식이 아니라, 기존의 세포와 장기를 회복시키는 것이 가능할 것이라고 보는 것입니다.

늙으면 그만이라는 관점도 다시 생각하게 되었습니다. 연구 결과, 늙으면 카베올린(caveolin-1)이라는 단백질이 세포 내에 많아지고, 이 단백질이 많아지면서 외부에서 오는 신호를 다 차단하였습니다. 그러다보니 세포 증식이 안 되었습니다. 그래서 이 단백질을 줄이거나 없애보니, 세포

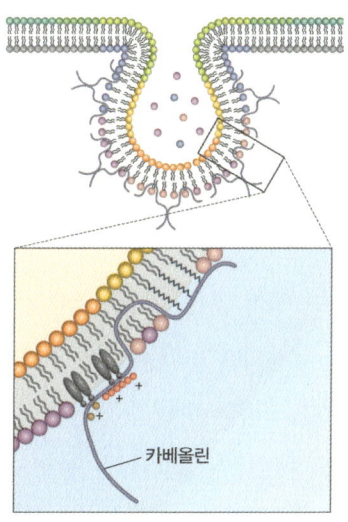

카베올린 단백질은 노화가 진행될수록 증가하며, 카베올린 단백질이 많아질수록 신호전달 능력이 저하된다. 카베올린 단백질은 카베올라 구조를 형성하는 데 관여한다.

가 반응했습니다. 구체적으로, 젊은 세포는 증식인자를 넣어주면 그것이 세포 내로 움직입니다. 그런데 늙은 세포에서는 증식인자가 움직이지 않습니다. 그런데 카베올린 단백질을 줄였더니 세포 내에서 움직였습니다. 세포가 살아나는 것입니다.

이런 실험 결과는 DNA 합성도 되살아난다는 것을 알게 해주었습니다. 기존에는 노화세포는 어쩔 수 없다고 생각했는데, 한두 가지 조작을 해보니 기능이 회복되었다는 것을 알게 된 것입니다.

늙은 세포의 모양은 펑퍼짐하게 퍼져 있습니다. 그런데 늙은 세포에서 카베올린 단백질을 줄여버리니까 젊은 세포같이 가운데로 모여 탱탱해졌습니다. 기능과 모양을 모두 바꿀 수 있었던 겁니다. 노화에 따른 기능적인 쇠퇴, 형태적인 변화는 회복시킬 수 있었습니다. 세포의 생존 환경을 바꾸면 얼마든지 세포도 젊어질 수 있습니다. 아마도 이런 연구 결과들이 모여, 2040~2050년대가 되면 노화에 대한 생각이 완전히 바뀌게 될 것입니다.

백세인의 장수 비밀

왜 사람은 오래 살면 병이 많아질까요? 질문을 하나 더 던지겠습니다. 수명이 10년 정도 연장되면 병이 더 많아질까요? 통계자료를 보면, 1980년대에는 노인 중 일상생활을 할 수 없는 사람이 26%였는데, 그것이 1990년대로 오면 19%로 줄어듭니다. 인지능력과 판단능력이 없는 사람들의 비율도 5.2%에서 2.7%로 줄어들었습니다. 즉 늙은 사람이 많아질수록 노인성 질환을 앓는 사람들의 비율이 늘어날 것이라는 예상과 달리, 실제로는 훨씬 더 건강하게 나이 든 사람이 많은 것으로 나타났습니다. 어떻게 이런 일이 가능했을까요? 이것도 노화 연구가 풀어야 할 과제 가운데 하나일 것입니다.

그러면 아주 오래 산 사람들은 도대체 어떤 점이 다를까요? 영국이나 일본 연구팀들이 연구한 바에 따르면, 장수한 사람들의 공통점은 체형이 마른 체형이고, 비흡연자이고, 스트레스를 잘 이겨내고, 치매가 적고, 늦게까지 출산했고, 심혈관질환이나 암에 걸리지 않았고, 친척 중에 장수한 사람이 많다는 것 등이었습니다.

우리나라는 어떨까요? 그래서 저희 연구팀은 전국을 돌아다니면서 100세 이상이 된 어르신들을 만나보았습니다.

우리나라의 100세인은 1995년만 하더라도 전라남도 남해안, 제주도의 동쪽과 서쪽, 충청남도 서해안 일부 지역 정도에 살고 있었습니다. 그런데 이제는 전국적으로 확대되었습니다. 이것은 우리나라에서 장수하는 사람들의 수가 늘어나고 있다는 뜻입니다. 전국적으로 고령화사회가 되고 있다는 것을 보여줍니다.

100세인들을 찾아가서 조사해보니, 술을 마시고 담배를 피우는 분이 그중의 20% 정도 되었습니다. 자신이 건강하다고 생각하는지를 물어보았더니, 100세인들의 70%가 건강하다고 생각했습니다. 몸이 불편하거나 아프다고 생각하는 사람은 20~30%도 안 되었습니다. 그리고 영양제를 먹는 사람이 없었습니다. 잠도 잘 자고, 하루 세 끼를 정해진 시간에 먹고, 늘 일정량을 먹었습니다. 채소, 두류, 해조류 등을 좋아했습니다. 이런 식습관은 장수하는 데 굉장히 중요한 요소입니다.

평균적으로 70~80대의 노인들에게서는 고혈압이 30% 정도의 비율로 나타나는데, 100세인들에게서는 고혈압 비율이 5%도 안 되었습니다. 일반인들에게서 평균적으로 당뇨병이 7~8%의 비율로 나타나는데, 100세인들의 당뇨병 비율은 1~2%였습니다. 100세인들에게서는 암에 걸린 사람을 찾기 어려웠습니다. 이것은 장수하는 사람들에게서는 고혈압, 당뇨, 심장질환, 암 등 생활습관 질환에 걸리는 비율이 낮다는 것을 의미합니다. 이 100세인들이 생활습관 질환에 걸리지 않은 이유는 유전자 때문일까요, 아니면 생활습관 때문일까요? 비교연구한 결과, 100세인들의 좋은 생활습관 자체가 장수하게 된 이유라고 잠정적인 결론을 내릴 수 있었습니다.

B형 감염에서도 놀라운 결과가 나타났습니다. 한국 사람의 B형 감염 비율은 평균적으로 7~8%입니다. 그런데 100세인들에게서는 B형 감염에 걸린 사람을 한 사람도 찾을 수 없었습니다.

우리나라에서는 여자들이 장수하고, 남자들이 장수하는 비율이 상대적으로 아주 낮았습니다. 100세인들의 식단을 보면, 된장, 간장, 고추장,

김치 등 전통 한국 식단을 즐겼습니다.

　남자와 여자 사이에는 7년의 수명 차이가 있었습니다. 이것은 세계적인 현상이 아니라, 우리나라에서 나타난 현상이었습니다. 미국 펜실베이니아 북쪽 랭카스트 지방에 살고 있는 '에미쉬 피플'이라는 공동체만 해도 남녀의 평균수명이 똑같습니다. 몇천 명 정도 되는 에미쉬 피플 공동체는 전기도 없이 호롱불을 켜고 사는 공동체입니다.

　그러면 어째서 우리나라는 남녀의 평균수명이 7년이나 차이가 날까요? 100세인들의 성별 비율도 보면, 남자 대 여자 비율이 1 : 20이었습니다.

　남녀의 수명에 차이가 있는 이유에 대해서는 여러 학설이 있습니다. 유전적으로 여자는 X염색체가 둘이어서 한쪽에 이상이 생겨도 다른 한쪽이 정상적으로 기능하기 때문이라는 학설도 있고, 매달 월경으로 몸의 철분 축적을 막기 때문이라는 학설도 있습니다. 에스트로겐 호르몬이 있기 때문이라거나, 술과 담배에 비교적 덜 노출되는 생활 패턴 때문에 수명에 차이가 난다는 학설도 있습니다.

　그러나 애니쉬 피플 공동체에서 남녀의 수명 차이가 없었던 사례는 여러 가지 요인을 개선하면 남녀의 수명 차이가 극복될 수 있다는 것을 보여주고 있습니다.

왜 늙는 것일까?

　왜 사람은 늙어갈까요? 이에 대해 300여 가지가 넘는 학설이 제시되었습니다. 이렇게 많은 학설이 있다는 것은 노화에 대해 아직 잘 모르고 있다는 것을 역으로 이야기해줍니다.

한 가지 의아한 점은 다른 동물에 비해 사람의 수명이 길다는 겁니다. 사람보다 더 오래 사는 동물은 거북밖에 없습니다. 사람과 비슷하게 사는 동물은 코끼리와 고래입니다. 다른 동물들은 사람보다 수명이 더 짧습니다. 왜 다른 동물들의 수명은 짧은 것일까요? 이것은 진화와 관련이 있는 것일까요? 이것은 지금 학계에서도 굉장히 관심을 갖고 있는 주제들입니다.

사람이 늙어가는 것이 무작위한 외부 자극에 의한 변화인지 아니면 유전적으로 결정되어 있는지, 사회 환경이 나아져서 전반적으로 오래 사는 것인지 아니면 개인의 노력에 의해 모두 오래 살 수 있는지 등 대립되는 관점들 간의 논의도 한창 진행 중입니다. 예컨대, 우리나라의 경우 1960년도의 평균수명이 약 50세였지만, 2010년도에는 약 80세로 크게 늘어났습니다. 이런 평균수명의 연장이 개인의 노력 때문인지, 아니면 위생 상태와 의료 시스템의 발달 때문인지는 논의의 여지가 있습니다.

노화 연구에는 흥미로운 과제가 참으로 많습니다. 장수하는 사람에게서는 특별한 유전자가 있는 것인지, 많이 움직일수록 일찍 죽는 것인지, 적게 먹으면 오래 사는 것인지, 유해 산소에 노출되면 일찍 죽는 것인지 등 다양한 관점의 주제들이 참으로 많습니다.

장수 유전자가 있는지에 대해선 동물실험 결과가 보고된 적이 있습니다. 예쁜꼬마선충, 초파리, 생쥐의 특정 유전자에서 돌연변이를 일으켰더니 더 오래 살았다는 연구 결과가 나왔습니다. 인슐린이 노화방지 호르몬으로 알려진 클로토(klotho)의 분비를 조절한다는 연구 결과도 발표되었습니다. 예쁜꼬마선충, 초파리, 생쥐를 대상으로 한 동물실험 결과, 적게 먹을 때 더 오래 산다는 것이 확인됐습니다. 유전자에서 돌연변이를 발생시킨 것이 아니라, 어떤 특정 유전자를 많이 넣어주면 노화가 방지

된다는 것도 밝혀졌습니다. 이 유전자는 DNA가 손상되면 그것을 회복시키는 유전자였습니다. 포도주 성분으로 만든 약은 수명 연장에 효과가 있었습니다. 한때 포도주가 유행한 것은 이런 실험 결과 때문이었습니다.

빨리 늙는 것에 관심을 기울인 연구도 있습니다. 그래서 도대체 어떤 유전자 때문에 빨린 늙는 것인지에 대해 많이 알게 되었습니다.

워너 증후군이라는 질환이 있습니다. 사춘기 이후에 급격히 노화가 진행되어 대부분 20세 이전에 사망하고, 살아남더라도 나이 40세 즈음이 되면 완전히 80~90대 노인으로 변해버리는 질환입니다. 전 세계 환자의 90%가 일본에 있습니다. 일본에서는 가까운 친척들 간의 근친결혼이 가능했기 때문에, 열성유전이 확대된 것으로 보고 있습니다. 이 질환을 일으키는 유전자는 인간의 8번 염색체에서 발견되었는데, DNA 풀기효소(DNA helicase)의 유전자에 돌연변이가 일어나서 발생하는 것으로 밝혀졌습니다.

허친슨-길포드 증후군이라는 질환은 나이 7세에 80~90대 노인이 되는 질환인데, 이것은 핵막 구성과 관련된 라민A 유전자에 돌연변이가 생겨서 일어난 질환입니다. 조로증이라고도 불립니다. 대부분 10세 전후로 사망하는 유전자 질환이라고 할 수 있습니다.

생명이란 죽기 위해 태어난 존재가 아니라 살기 위해 태어난 존재입니다. 노화는 살아남으려고 하는 몸의 생존전략이라고 할 수 있습니다. 수명 연구가 중요한 것은 건강하게 나이 드는 삶을 추구하는 데 도움이 될 수 있기 때문입니다. 당당하고 건강하고 멋지게 늙어가도록 만들자는 겁니다. 이것이 노화 연구의 가장 중요한 목표일 것입니다.

단백체학 이란 무엇인가

백융기 연세대학교 연세프로테옴연구소 소장, 명예교수

연세대학교에서 생화학을 전공했으며, 미국 미주리 대학교에서 생화학으로 박사학위를 받았다. 미국 듀폰연구소, 캘리포니아 의과대학(UCSF) 포스닥 및 상임연구원, 한양대학교 부교수, 연세대학교 생화학과 특훈교수로 재직했다. 현재 연세프로테옴연구소 소장을 맡고 있다. 생체 노화와 암 진단 마커 개발에 관심을 가지고 있으며, 현재 다우몬에 의한 수명연장 기전과 간암·췌장암의 진단 마커 개발을 연구하는 중이다. 한국인간프로테옴기구(KHUPO), 아시아오세아니아인간프로테옴기구(AOHUPO) 및 세계인간프로테옴기구(HUPO) 회장을 역임하였고, 현재 국제인간단백질지도사업 컨소시엄 총괄의장으로 단백질지도 작성을 추진하고 있다. 경암학술상(2005년), 이달의 과학기술자상(2005), HUPO Award(2004), 동헌생화학상(1999)을 수상했다. 160여 편(공저·교신저자)의 국제 SCI논문을 발표했으며 신약 개발, 생리활성 및 간암 진단 마커 관련 국제특허를 10여 건 이상 갖고 있다.

유전자(DNA)는 어떤 단백질을 만들 것인지 지령하고, 다음 세대에 부모의 유전정보를 충실하게 전달하는 기능을 갖고 있습니다. 또 특정한 발생 신호에 따라 세포가 분열하고 성장하도록 지시할 뿐 아니라 쉽게 복제되어 스스로 복사본을 만드는 기능을 갖고 있습니다. 전체적인 생명분자의 흐름은 유전자(DNA)-RNA-단백질로 이어집니다.

유전자와 단백질

한 생명체는 대사조절망에 의해 에너지가 만들어지고 신호전달이 이루어져야 건강하게 삽니다. 대사조절망은 매우 복잡한 단백질들 간의 네트워크입니다. 이중에서 어느 한 개의 단백질이라도 잘못되면 질병이 생기게 됩니다.

단백질은 몸속에서 다양한 대사물질과 결합하여 효소나 수송체 등 고유한 기능을 담당합니다. 때로는 독버섯 등 해로운 물질로 인해 RNA 합성이 이루어지지 않아 단백질을 만들어내지 못하고, 결국 생명체가 죽는 경우도 발생합니다. 생체 내 단백질은 그 나름대로 적합한 구조와 네트워크를 갖고 있습니다.

재미있는 것은 하나의 생명체는 태어난 후부터 성장하여 죽을 때까지 유전자가 거의 변하지 않지만, 이들이 만드는 단백질은 시간, 장소, 생리상태, 외부 자극 등에 의해 세포단위당 수는 물론 그들의 구조(특히 수식화-인산화, 당쇄화, 아세틸화 등)가 매우 다양하게 변하는 것을 알 수 있습니다.

예를 들어, 올챙이들은 자라서 개구리가 되어도 게놈 수는 같습니다. 그러나 전체 단백질(프로테옴 혹은 단백체)의 구조와 기능은 바뀌어, 올챙이 때와는 전혀 다른 모습의 개구리로 살아갑니다.

이처럼 단백질의 다양한 변화는 생명체의 다양성과 종간 차이, 같은 종 내에서의 개체 간 특성을 만드는 원인이 됩니다. 이는 왜 사람 사이에 유전자의 차이가 거의 없는데도 성격이나 소질이 매우 다른지를 간접적으로 시사합니다.

모든 단백질의 총합, 단백체

유전체 또는 게놈(genome)을 세포 내 모든 유전자들의 집합이라고 하면, 단백체(Proteome)는 모든 단백질의 총합입니다. 단백체란 말은 "게놈에 의해 표현되는 전체 단백질(entire PROTEin complement expressed by a genOME)"에서 나온 것입니다. 그리고 단백체를 체계적으로 분석하고 의미를 연구하는 학문을 단백체학(Proteomics)이라고 부릅니다. 단백체

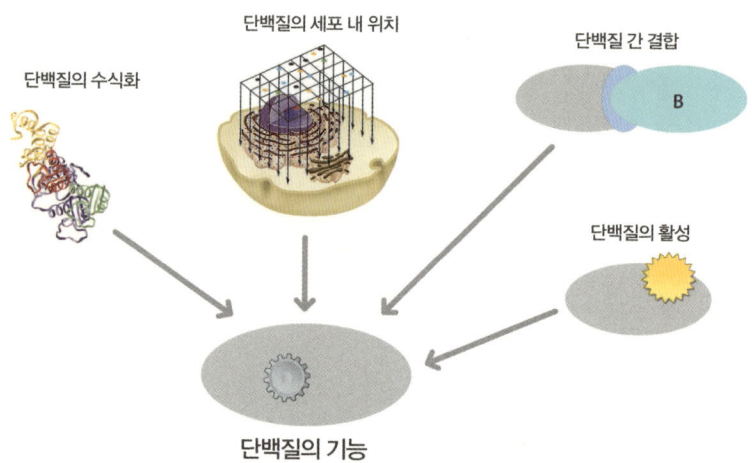

단백체학은 단백질의 기능을 연구하는 학문 분야로, 주로 단백질의 수식화, 단백질의 활성, 단백질 간 결합, 단백질의 세포 내 위치를 분석한다.

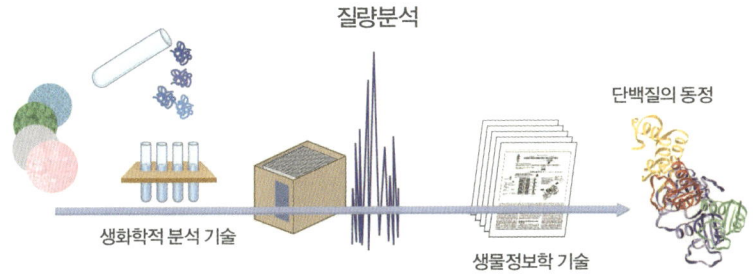

단백체학에 중요한 기술로는 질량분석 기술로, 생화학적 분석 기술과 생물정보학이 활용된다.

학은 단백질의 세포 내 위치, 구조 수식화, 단백질 간의 결합, 생리활성을 분석하여 궁극적으로 단백질의 기능을 밝히고자 합니다.

단백체라는 단어는 호주의 마크 윌킨스 박사가 1995년에 처음 사용했으니, 단백체학은 20년도 채 안 된 신생학문인 셈입니다. 단백체학에서의 중요한 기술은 질량분석 기술로, 시료 준비에 쓰이는 생화학적인 실험기술과 질량분석 후 생긴 데이터를 해석하고 가공하는 생물정보학(Bioinformatics)이 활용됩니다.

1990년에 시작한 인간게놈프로젝트가 완전히 끝난 것은 2003년 4월 14일입니다. 생물학계에서는 인간 게놈의 염기서열을 전부 해독한 것을 계기로, 게놈을 기반으로 하는 학문의 영역과 대상을 대단위, 대용량, 초고속적인 방법으로 다루는 경향이 생겼습니다. 즉, 접미사 '-omics'를 각종 생명과학 연구 분야에 붙여서 게놈 기반의 학문임을 표방하는 게 유행이 된 것입니다.

예를 들면, 대사체학(Metabolomics), 전사체학(Transcriptomics), 생리체학(Physiomics), 화학유전체학(Chemical genomics), 약물유전체학(Pharmacogenomics), 세포체학(Cellomics), 독성체학(Toxicomics), 지질체학(Lipidomics), 임상체학(Clinomics), 형질체학(Phenomics) 등입니다.

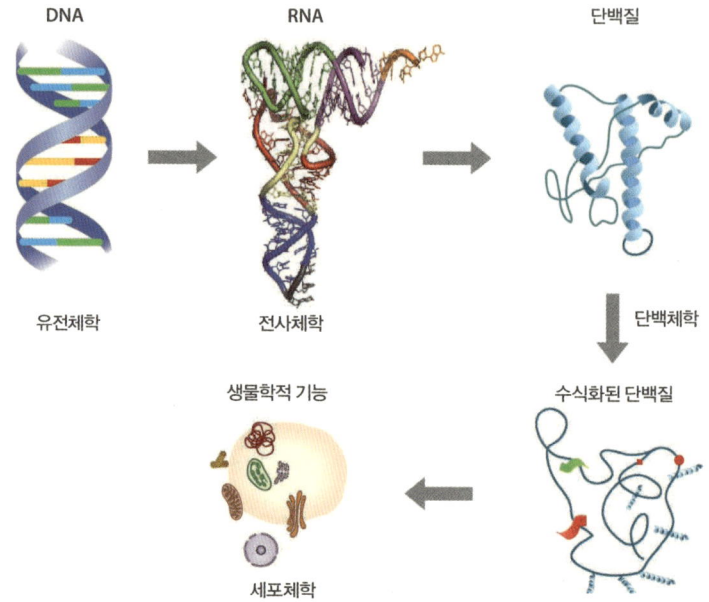

대단위의 유전체 기반 학문 분야로는 유전체학, 전사체학, 단백체학, 세포체학이 있다.

단백체학은 인간게놈프로젝트의 완성으로 새로운 전기를 맞고 있습니다. 이제 인간게놈프로젝트의 후속으로 인간프로테옴프로젝트(Human Proteome Project)라는 새로운 패러다임의 연구 과제를 새로 만들고, 게놈 다음의 생명공학 혁명을 이끌 준비를 해야 할 것입니다.

변화무쌍한 단백체

유전체와 단백체를 비교하면 서로 비슷한 점과 다른 점이 있습니다. 비슷한 점은 둘 다 매우 역동적인 생체 반응을 주도하고 있다는 점입니다. 이 때문에 연구 방법도 대용량, 고속분석이라는 특성을 지니며(예, DNA 어레이 단백질 칩), 둘 다 생물정보학(Bioinformatics) 기술을 공통적으로 사용합니다.

　반면 다른 점은 유전체(유전자)가 비교적 생체 어느 곳에서나 같은 수로 존재하지만, 단백체(단백질)는 유전체가 만들어내는 것임에도 유전자와는 달리 현재 상태의 생리적 조건에 따라 기능을 수행하고 단백질 수와 구조의 수식화가 매우 다양하게 변한다는 사실입니다. 특히 수식화(post-translational modification)는 인산화나 당쇄화, 결합체, 이성체 단백질(한 유전자에서 여러 개의 구조와 기능이 다른 단백질)을 만들어, 같은 뿌리(유전자)에서 나온 단백질이더라도 다른 기능을 갖습니다. 이러한 일련의 변화로, 사람의 경우 제한된 유전자 수(약 2만~2만 5000개 정도)로 기능이 매우 다른 단백질들을 생성하는 것입니다.

　예를 들면 백쥐의 인슐린수용체물질(insulin receptor substrate, IRS)은 한 유전자에서 각기 다른 이성체 단백질들, 즉 IRS1, IRS2, IRS3, IRS4를 만듭니다. 이들은 각기 다른 조직에서 식욕 조절, 인슐린 상호전달, 당의 근육 흡수 등 다양한 기능을 담당합니다.

　이 때문에 과거 1960~1980년대 단백체학이 발전되기 전에 일종의 도그마로 여겨졌던 '한 개의 유전자=한 개의 단백질'이라는 등식이 깨졌습니다. 최근에는 한 개의 유전자에서 무려 20개(예, 알파1 안티트립신) 또는 심지어 3만 8000개의 이성체단백질(초파리의 Dscam 유전자)을 만드는 것이 관찰되었습니다. 이는 곧 생명체가 특정 유전자로부터 지령된 단백질의 다양성을 통해 수많은 기능을 수행한다는 뜻입니다. 인간 유전체의 95% 이상이 이처럼 다양한 이성체를 만든다는 것이 최근 밝혀졌습니다. 이런 이유로 이성체의 다양성과 단백체의 융합 연구는 중요한 화두가 되었습니다. 이렇게 보면 유전자가 약 2만 5000여 개인 사람의 경우 100만 개 이상의 다양한 단백질이 만들어져 세포 내에 존재하고 기능한다는 게

잘 이해될 것입니다.

단백체학은 바로 이러한 단백질의 다양성을 찾고, 그들의 기능과 질병 간의 관계를 연구하는 학문입니다. 더 나아가 각 단백질이 세포나 조직, 기관 및 개체 안에 어떻게 분포하고, 그들의 변형된 모습(수식화)이 생리 상태에 따라(암, 노화 등) 어떻게 다이내믹하게 변하며, 질병이 발생할 때 이성체단백질과 정상단백질 간의 비율이 어떻게 달라지는지를 분자 수준에서 연구하여 생화학, 생리학, 세포학, 의학, 약학 등에 널리 활용하는 학문입니다. 이 때문에 2005년 〈네이처〉 지는 사설을 통해 유전자가 아닌 단백질이야말로 생물학의 궁극적인 사업 목표라고 언급한 적이 있습니다(Proteins, not genes are the business end of biology).

단백체학의 기술과 질병 연구

선천성 유전질환(전체의 2% 정도)을 제외하고 보통 사람들의 대부분(98%)의 질병은 단백질 고장으로 일어난다고 합니다.

단백체학을 활용하면 다양한 연구뿐 아니라, 피 한 방울로도 특정 질환을 판별하는 질병 진단 마커를 개발할 수 있습니다. 실제 단백체학이 다른 유사분야와 다른 것은 질병의 현장에서 무엇이 일어나는지를 파악하는 직접적인 기술이라는 것입니다.

효율적인 질병 연구를 위해서 가중 중요한 것은 혈액 분석입니다. 혈액은 모든 질병의 대표적인 체액으로 질병의 진단, 치료 등에 가장 많이 쓰이는 임상샘플입니다. 세계인간프로테옴기구(HUPO)에서는 이것의 중요성을 깨달아 전 세계적으로 컨소시엄을 구성하여 혈액 내 단백질지도를 만들었으며(www.hupo.org), 연세프로테옴연구원도 한국인 혈액단백질지

단백체학은 실제로 질병의 현장에서 무엇이 일어나는지를 파악하는 직접적인 기술이다.

도를 작성하여 공개한 적 있습니다(www.proteomix.org).

단백질은 매우 특이적인 등전점(pI)과 분자량을 갖습니다. 이 둘은 서로 간 영향을 주지 않아, 각 단백질의 특성이 되기도 합니다. 각 단백질은 고유의 pI와 분자량을 갖고, 2차원 전기영동 젤에서는 이들이 하나의 점으로 나타납니다.

하나의 2차원 전기영동 젤에서는 통상 1000여 개 이상의 단백질 점(spot)이 분리되고 각 단백질 점은 질량분석기(Mass Spectrometry)로 펩타이드 분석을 할 수 있으며, 이를 통해 단백질의 종류와 이름을 알아낼 수 있습니다. 실제로 액상 크로마토그래피가 질량분석기에 부착되어 분석하는 LC-MS/MS를 통해 이보다 더 많은 양의 단백질들을 동정하고 있습니다. 대부분의 단백체 연구자들이 사용하는 분석 시스템입니다.

단백체학의 연구 대상은 매우 많지만 그 일부를 간략히 나열하면 다음과 같습니다.

1) 유전체의 해독(기능 및 구조 다양성)
2) 단백질의 기능(효소, 수송, 수용체, 조절자 등)
3) 단백질의 수식화(인산화, 당쇄화, 아세틸화 등)
4) 단백질의 세포 내 소재 및 위치별 농도 변화
5) 단백질 간의 결합성(신호전달 기능 등)

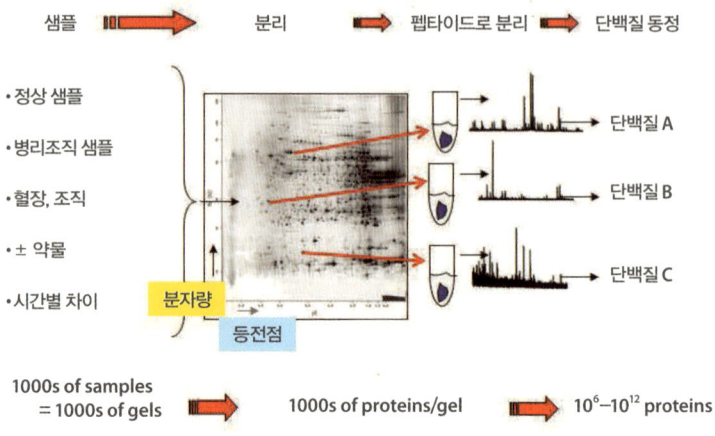

각 단백질이 가진 특이적인 등전점 (pI)과 분자량을 분석함으로써 단백질을 동정한다.

6) 유전자의 조절 및 발현(전사인자)

단백체학 기술을 이용하면, 질병 상태와 건강한 상태의 샘플을 분석함으로써 단백질의 발현이 어떻게 변했는지 알 수 있습니다. 어느 단백질이 변했는지 알 수 있는 보다 구체적인 방법은 구조를 분석하는 일입니다. 단백질 가수분해효소인 트립신으로 자른 후 그때 생긴 펩타이드들의 정보를 이미 잘 구축된 데이터베이스에 넣어 이것이 무슨 단백질인지를 알아내는 것입니다.

사실 단백체 분석은 다양한 기술을 조화롭게 사용함으로써 연구의 깊이를 더할 수 있습니다. 여기에는 세포생물학, 생화학, 질량분석, 생물정보학 등의 지식이 동원됩니다. 세포 내 각 단백질의 동정과 소재 파악, 질병 과정에서 변형되는 모습을 실시간으로 분석하면 질병의 발생, 진단, 예측을 가능하게 하며, 약물 효과에 대한 반응도 감지할 수 있습니다. 이들을 보통 질병 바이오마커(biomarker)라고 부릅니다. 예를 들면 저희 연구팀에서 보고한 페리틴(ferritin)이나, 인간 카복실에스테라아제(carboxylesterase)는 간암에 매우 특이적으로 작용하는 간암 마커로 잘 알려져 있습니다.

일반적으로 사람의 질병 가운데 2% 정도만이 유전자의 고장으로 생겨나고, 나머지는 대부분 단백질의 기능 이상에서 비롯된다고 여겨지고 있습니다.

단백체학의 발달은 질량 분석 기술이 획기적으로 발전된 것에 기인합니다. 쿠르트 뷔트리히(Kurt Wuthrich), 존 펜(John Fenn), 다나카 고이치(田中 耕一)는 MALDI-TOF 원리와 NMR 분석 기술 원리를 발견한 공로로 2002년 노벨 화학상을 수상했습니다. 간단히 말해, 이들의 연구는 단백질에 레이저를 쏘아 단백질의 구조를 분석할 수 있다는 것을 제시했습니다. 대부분의 사람 단백질이나 유전자지도가 완성된 생물체의 단백질은 데이터베이스화가 되어 쉽게 찾을 수 있지만, 그렇지 못할 경우 일일이 서열을 결정을 해야 합니다. 다양한 종류의 질량분석기들은 이것을 효율적으로 분석하는 데 사용되는 핵심 기술입니다.

지난 2001년에는 세계적으로 단백체학을 좀더 확산시키고, 교육과 훈련을 체계적으로 하기 위해 세계인간프로테옴기구(HUPO, human proteome organization, www.hupo.org)가 만들어졌습니다. 이 기구는 인간게놈기구(HUGO)와 같은 성격의 단백체학 연합체로서 65개국 이상의 연구원들이 회원으로 참여하고 있습니다. 이 기구와 한국은 인연이 매우 깊습니다. 한국은 초대 이사는 물론, 사무총장, 부회장, 회장을 배출했습니다. 인간뇌단백체사업(www.hbpp.org/)에는 박영목 기초과학지원 연구원이 공동의장을, 인간염색체단백질지도사업(www/c-hpp.org)에는 제가 의장을 맡는 등 각 연구사업의 리더도 나왔습니다. 이 단체는 인

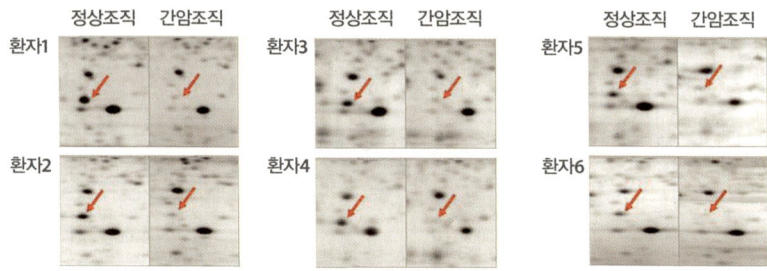

단백체를 이용해 간암과 정상조직을 비교 분석할 수 있다.

간 단백체 연구지원 방안을 다양하게 만들고 단백질 데이터베이스를 만들어, 이 분야뿐 아니라 생명과학 분야의 다양한 연구자들이 활용할 수 있도록 지원하고 있습니다. 한국에서 현재 900여 명의 회원이 참여한 한국인간프로테옴기구(KHUPO)가 조직되고, 한국이 HUPO 활동과 AOHUPO(아세아오세아니아인간프로테옴기구)의 창립에 활력을 넣은 것은 과학외교상 뜻 깊은 성과가 아닌가 싶습니다.

단백체학의 도전

인간게놈프로젝트가 '인간의 달 착륙' 쾌거에 비유된다면, 인간단백체지도사업은 아마도 '달 자원의 활용'에 비유될 수 있을 만큼, 두 사업은 선후가 분명하고, 공통 목적이 긴밀합니다. 두 프로젝트는 향후 거대 과학(Big Science)의 전형적인 유형으로서 정책입안자, 과학자, 의학자 및 일반인에 이르기까지 모두를 한데 묶는 생명공학의 '성장 엔진' 역할을 할 것입니다.

인간단백체지도사업은 HUPO(www.hupo.org)가 주관하고 있지만, 많은 국가 중에서 한국은 매우 주도적으로 이 사업을 수행하는 중입니다.

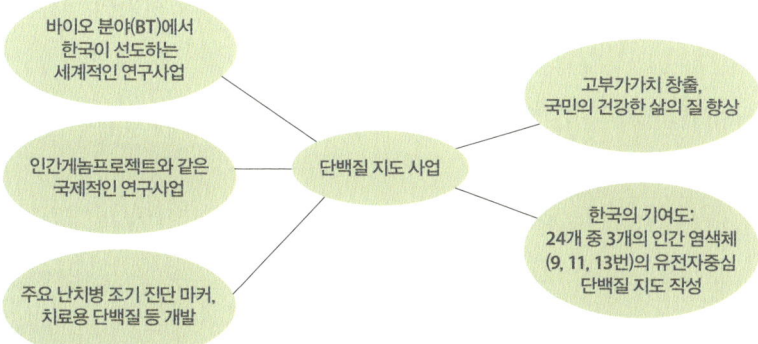

한국이 주도하는 단백질 지도 사업은 미국이 주도한 인간게놈프로젝트와 더불어 생명과학 역사에 선명히 기록될 것이고, 이로 인해 관련 의생명산업, 바이오산업은 더욱 발전할 것으로 보인다. 또 새로운 유전정보가 명확해짐에 따라 신약 개발, 진단 신약, 신규 표적을 이용한 다양한 치료법이 파생될 것으로 보인다.

예를 들면, 연세프로테옴연구원(YPRC)이 인간염색체 기반 인간단백질지도사업의 세계본부로서 중추적인 역할을 하고 있고, 기초과학지원연구원(KBSI)는 인간뇌단백체사업을 주도하고 있습니다.

단백체학이 직면한 도전 과제로는 1) 세포 내 종류별 단백체군들의 다양성(종류, 양적 변화) 2) 세포의 발생주기별 다양성 3) 일부 단백질들의 농도 희소성 탐지 등이 있습니다.

지난 2005년 6월에 저널 〈사이언스〉는 '인류가 아직 풀지 못한 과학적 수수께끼'로 25개 항목을 열거한 적이 있습니다. 이것들 중 단백체와 관련된 내용을 두 개 정도 소개하면 다음과 같습니다.

1) 인간 게놈은 약 29억 개의 염기로 이루어졌는데, 정작 인간의 유전자 수는 전체의 약 2% 내외이며, 98%는 이른바 정크(쓰레기) DNA라고 할 정도로 예상보다 훨씬 적은데 그 이유는 무엇인가?

2) 유전자의 유사성으로 보면 고릴라와는 단 1~2%밖에 차이가 안 나고, 각 사람 간에는 0.01%밖에 차이가 안 나는데 어떤 유전적 변화가 개개의 인간을 독특한 생명체로 만들었는가?

아마도 답은 한 유전자당 기능이 다양한 단백질이 만들어지고 그로 인해 적은 개수의 유전자로도 사람별로 각기 다른 특성과 모습을 만들 수 있기 때문이 아닐까 생각합니다. 이 강의의 주제인 프로테오믹스(단백체학)는 이런 의문점들을 풀고 이해하는 데 도움이 될 것입니다. 그리고 인간 유전자의 일꾼인 단백질이 어떤 모습으로 세포 내에 존재하며, 이것이 잘못되면 어떻게 질병으로 이어지는지를 이해하는 데 핵심적인 역할을 할 것이라고 기대합니다.

참고 문헌

한진, 백융기 편저, 『프로테오믹스 연구기법』, 2007, 이퍼블릭

Na K, Jeong SK, et al., Human liver carboxylesterase 1 outperforms alpha-fetoprotein as biomarker to discriminate hepatocellular carcinoma from other liver diseases in Korean patients. *International Journal of Cancer*. 2013 Jan 15. doi:

Paik YK, Hancock WS. Uniting ENCODE with genome-wide proteomics. *Nature Biotechnology*. 2012 Nov ; 30(11) : 1065~1067.

Paik YK, Jeong SK, et al., The Chromosome-Centric Human Proteome Project for cataloging proteins encoded in the genome. *Nature Biotechnology*. 2012 Mar 7 ; 30(3) : 221~223.

Park KS, Kim H, Kim NG, Cho SY, Choi KH, Seong JK, Paik YK. Proteomic analysis and molecular characterization of tissue ferritin light chain in hepatocellular carcinoma. *Hepatology*. 2002 Jun ; 35(6) : 1459~1466.

Schmucker D, Clemens JC, et al., Drosophila Dscam is an axon guidance receptor exhibiting extraordinary molecular diversity. *Cell*. 2000 Jun 9 ; 101(6) : 671~684.

Taniguchi CM, Ueki K, Kahn R. Complementary roles of IRS-1 and IRS-2 in the hepatic regulation of metabolism. *Journal of Clinical Investigation*. 2005 Mar ; 115(3) : 718~727.

Wasinger, V., Cordwell, S. J., Cerpa-Poljak, A., Gooley, A. A. et al., *Electrophoresis* 1995, 16, 1090~1094.

Wilkins, M. R., Sanchez, J. C., Gooley, A. A., Appel, R. D. et al., *Biotechnology. Genet. Eng. Rev.* 1995, 13, 19~50.

예쁜 꼬마선충은 노벨상과 어떤 관계가 있을까

안주홍 한양대학교 생명과학과 교수

서울대학교를 졸업하고, 미국 뉴저지 의학 치의학대학교에서 박사학위를 받았다. 광주과학기술원 교수를 거쳐 현재 한양대학교 생명과학과 교수로 재직 중이다. 예쁜꼬마선충의 신경과 근육 유전자의 발생학적 조절과 칼시퀘스트린, 칼렉티큘린, 칼넥신, 칼시뉴린 등 칼슘결합단백질에 관심이 크다. 대한민국과학기술 우수논문상(2004)을 수상했다. 역서로는 『새로운 생물학』(공역)이 있으며, 저서로는 『유전학실험서』(공저)가 있다.

노벨상은 모든 과학자들이 한 번쯤 꿈꾸어보는 최고로 영광스런 상입니다. 작가, 평화 운동가도 자신의 분야에서 노벨상을 수상할 수 있지만, 오랜 역사와 전통을 지닌 노벨 물리학상, 화학상, 생리의학상은 자연과학 분야의 꽃이라 할 수 있습니다. 이런 이유로 해마다 10월이 되면 누가 수상자가 될지 자연과학을 하는 사람이라면 대부분 관심을 갖고 지켜보게 됩니다.

이 자리에서는 예쁜꼬마선충과 노벨상에 초점을 맞춰볼 생각입니다. 예쁜꼬마선충을 연구한 과학자 가운데 누가 노벨상을 탔는지, 그 과학자는 어떤 연구를 했는지, 더 나아가 앞으로 노벨상을 받을 만한 연구들로는 무엇이 있는지를 살펴볼까 합니다.

아주 작고 간단한 생명체, 예쁜꼬마선충

혹시 예쁜꼬마선충을 본 적이 있나요? 예쁜꼬마선충은 성체의 크기가 약 1mm밖에 되지 않아 현미경으로 관찰해야만 하는 아주 작은 벌레입니다. 예쁜꼬마선충의 학명은 *Caenorhabditis elegans*입니다. 그래서 예쁜꼬마선충은 줄여서 *C. elegans*라고도 합니다. 예쁜꼬마선충은 박테리아를 잡아먹고 사는 선형동물입니다.

예쁜꼬마선충은 어떻게 모델생물이 되었을까요? 바로 시드니 브레너 (Sydney Brenner)라는 과학자 때문입니다. 이야기는 1962년 제임슨 왓슨(James Watson), 프랜시스 크릭(Francis Crick), 모리스 윌킨스(Maurice Wilkins)가 DNA의 이중나선 구조를 밝힌 공로로 노벨 생리의학상을 수상한 때로 거슬러 올라갑니다. DNA 구조의 발견은 분자생물학의 시작을 알리는 신호탄이자, 생명의 신비를 분자 수준에서 연구할 수 있도록

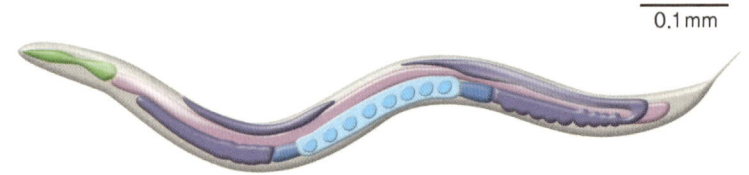

예쁜꼬마선충은 길이가 약 1mm인 아주 작은 선충이다.

이끈 일대 사건이었습니다.

당시 영국의 MRC 연구소에서 프랜시스 크릭과 연구실을 함께 쓰던 시드니 브레너는 많은 생물학자들이 앞다투어 분자생물학을 연구하려고 할 때, 조금 남다른 생각을 했습니다. 30~40년 후의 분자생물학을 내다본 것이었습니다. 시드니 브레너는 분자생물학으로 세포 내 생명현상을 많이 알게 된다면, 그 다음으로는 동물 전체의 행동과 발생을 유전자 수준에서 쉽게 설명하는 연구가 이루어져야 한다는 결론에 도달했습니다. 신경을 다 이해할 수 있는 복합적인 모델군이 필요할 것이라고 생각한 것입니다. 그리고 어떤 동물이 적합할지 찾다가, 예쁜꼬마선충 정도이면 40년 후에 충분히 이해할 수 있을 것이라고 예측했습니다.

예쁜꼬마선충의 생활사

예쁜꼬마선충의 생활사를 잠시 살펴보겠습니다. 성충이 알을 낳으면, 14시간 만에 유충이 깨어납니다. 그리고 성충이 되는 데 사흘밖에 걸리지 않습니다. 멘델의 완두콩 실험이 결과가 나올 때까지 1년 이상 걸린 것과 비교하면, 굉장히 짧은 시간입니다. 멘델이 한 번 실험하는 동안에 수십 번 실험할 수 있는 것입니다. 이런 짧은 생애 때문에 예쁜꼬마선충

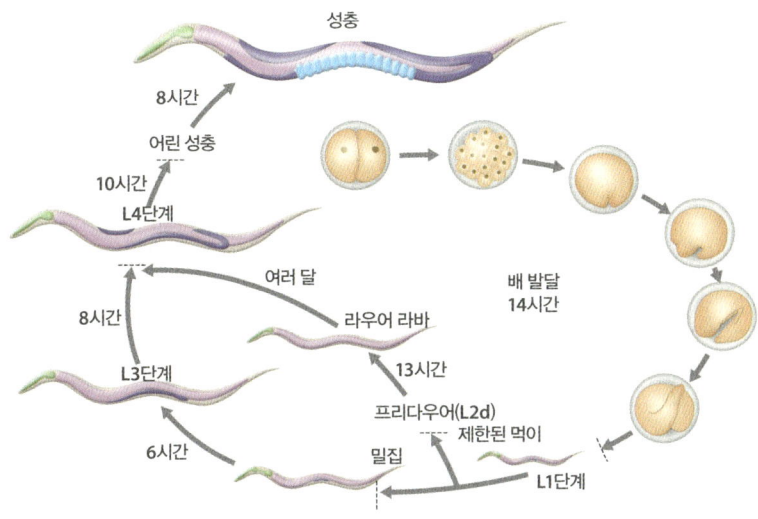

예쁜꼬마선충은 알에서 성충이 되는 데 사흘밖에 걸리지 않는다.

은 유전학의 실험동물로 많이 사용됩니다. 유충단계는 L1, L2, L3, L4로, 모두 4단계입니다. 이 단계 중에는 특별한 유충 단계가 있습니다. L1에서 L2단계로 갈 때, 주위에 유충이 많거나 먹이가 한정되어 있으면 다우어 라바(Dauer Larva) 단계로 접어듭니다. 이 단계의 예쁜꼬마선충은 먹지 않고 여러 달 견딜 수 있습니다. 예쁜꼬마선충의 평균수명보다 훨씬 긴 시간 동안 살아남을 수 있는 것입니다. 다우어 라바 단계의 예쁜꼬마선충은 환경이 좋아지면 그때 다시 성충으로 자라납니다.

이처럼 예쁜꼬마선충은 생활사 주기가 짧고, 바로바로 다음 자손을 얻을 수 있기 때문에 실험모델이 되기에 좋은 동물입니다. 심지어 자손의 개체 수도 많습니다. 한 마리의 예쁜꼬마선충은 대략 300마리 정도의 자손을 낳습니다. 대립형질과 표현형을 아주 뚜렷하게 관찰할 수도 있습니다. 해부현미경으로 봐야 할 만큼 작기 때문에 불편하기는 합니다만, 이

건 장점이 되기도 합니다. 아주 작기 때문에 100만 마리를 키워도 문제가 되지 않습니다. 만약 실험동물로 쥐를 선택한다면 100만 마리는 엄두도 내지 못할 것입니다.

예쁜꼬마선충의 유전체는 다 밝혀졌습니다. 대장균의 약 20배 정도, 사람의 30분의 1 정도 됩니다. 해부학적으로 단순해서, 예쁜꼬마선충의 성체 하나에 있는 체세포 수는 1000개밖에 되지 않습니다. 1000개 정도면 모든 세포의 이름을 다 붙일 수가 있습니다. 실제로 예쁜꼬마선충의 모든 세포에는 이름이 붙어 있습니다.

시드니 브레너, 존 설스턴, 로버트 호르비츠

예쁜꼬마선충은 여러 과학자에게 노벨상을 안겨주었습니다. 시드니 브레너를 포함해 2002년부터 지금까지 예쁜꼬마선충 연구로 노벨상을 수상한 과학자는 모두 여섯 명입니다. 과연 어떤 장점 때문에 예쁜꼬마선충 연구로 노벨상을 받게 되었을까요? 그리고 앞으로 예쁜꼬마선충 연구의 어떤 분야가 노벨상을 탈 수 있을까요? 먼저, 예쁜꼬마선충을 가지고 노벨상을 탄 과학자들은 누구이며, 그들이 어떤 실험을 했는지를 소개해 보겠습니다.

2002년에는 세 명의 과학자가 노벨생리의학상을 공동으로 수상했습니다. 시드니 브레너, 존 설스턴(John Sulston), 로버트 호르비츠(Robert Horvitz)가 바로 그들입니다.

시드니 브레너는 남아프리카공화국 출신입니다. 시드니 브레너가 생명과학자가 된 사연은 아주 독특합니다. 자서전을 보면 이런 얘기가 나옵니다. 어느 날 학장이 의과대학 졸업을 앞둔 브레너를 불러서 "자네는 스무

2002년 예쁜꼬마선충을 모델동물로 연구한 시드니 브레너(왼쪽), 존 설스턴(가운데), 로버트 호르비츠(오른쪽)는 노벨 생리의학상을 수상했다.

살이 안 돼서, 내년에 졸업해도 의사자격증을 딸 수가 없네."라고 말했습니다. 브레너는 아주 뛰어난 학생이어서 열여덟 살이라는 어린 나이에 의과대학을 졸업하게 되었던 겁니다. 학장은 "영국에 가서 한 2년 정도 더 공부하다가 오면 그때 의사자격증을 주겠네."라고 약속했습니다. 그런데 영국으로 건너가 생물학을 연구하기 시작한 브레너는 생물학에 흥미를 느꼈습니다. 너무너무 재미있어서 박사학위까지 따고, 예쁜꼬마선충이 앞으로 30~40년 후에 좋은 모델동물이 될 것이라 예상하고는 예쁜꼬마선충 연구를 시작했습니다.

시드니 브레너는 7여 년간의 연구를 통해, 1973년 예쁜꼬마선충의 여러 가지 돌연변이체를 분리해서 그것을 논문으로 발표했습니다. 특정 형질이 어느 유전자의 돌연변이 때문인지를 밝힌 것입니다. 이 논문으로 시드니 브레너는 후에 노벨상을 수상했습니다.

존 설스턴은 영국인으로, 24세에 박사학위를 받은 수재였습니다. 그는 현미경을 들여다보면서 3년 동안 연구한 끝에, 예쁜꼬마선충이 지닌 세포의 계보를 완전히 파악했습니다. 예쁜꼬마선충이 하나의 세포였을 때

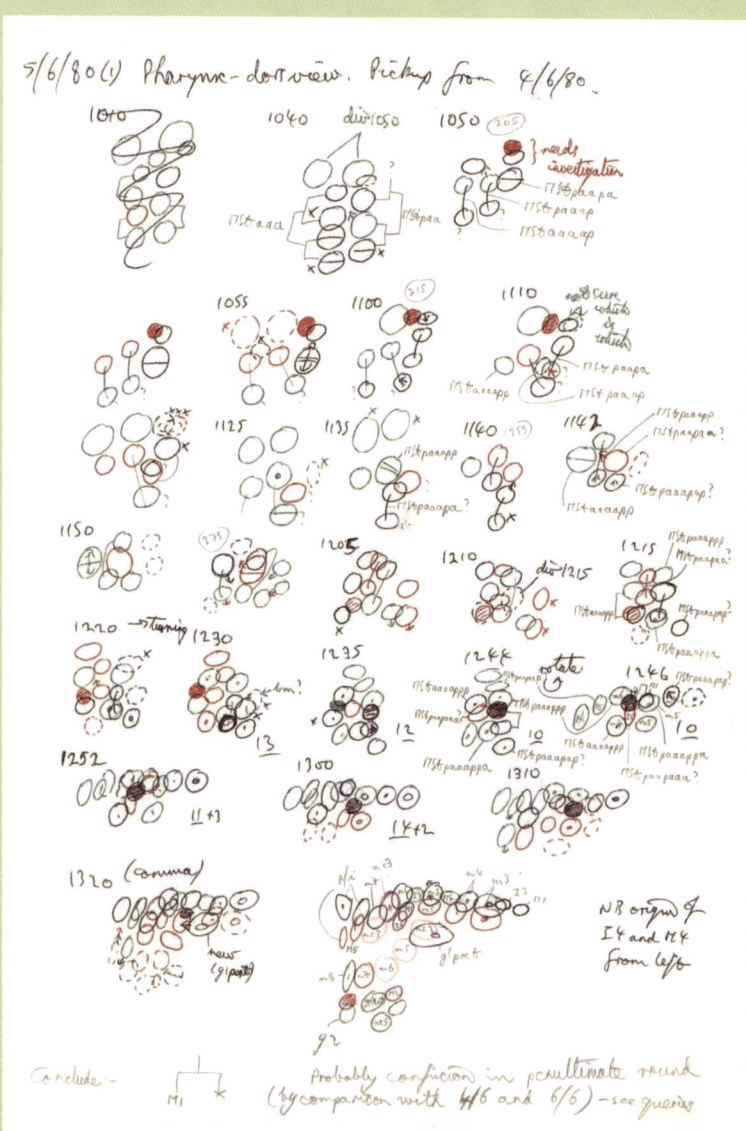

존 설스턴의 예쁜꼬마선충의 모든 세포를 추적해 그림으로 그렸다.

부터 시작해 1000개로 세포분열해 각 세포가 어떤 조직을 만드는지를 모두 현미경으로 관찰한 것입니다. 말하자면 세포의 족보를 송두리째 기록한 것입니다.

존 설스턴은 하나의 세포가 2개, 4개, 8개가 되는 것을 일일이 그림으로 그린 다음, 그것을 정리해 발표했습니다. 어떤 세포가 근육을 만드는지, 또 어떤 세포가 신경을 만드는지 다 추적을 한 것입니다. 수정란에서 성체에 이르는 모든 세포들의 분열 순서와 이를 파악할 수 있는 방법을 제시했습니다. 이것은 예쁜꼬마선충이기에 가능한 것이었습니다. 예쁜꼬마선충은 세포가 1000개밖에 안 되기 때문입니다. 다른 동물들은 세포가 너무 많아서 하려고 해도 불가능한 일이었습니다. 존 설스턴은 이 연구로 노벨상을 거머쥐었습니다.

로버트 호르비츠도 27세에 박사학위를 딴, 촉망받는 연구자였습니다. 호르비츠는 세포 자살(Programmed Cell Death)에 관심을 가졌습니다. 그는 세포가 어느 시기가 되면 시간 맞춰 알아서 죽는다는 사실을 관찰했습니다. 호르비츠가 보기에 이 현상은 너무나도 신기한 현상이었습니다.

발생학을 공부해보면, 세포 자살은 생물체를 만드는 데 아주 중요한 역할을 한다는 것을 알 수 있습니다. 가령 우리의 손가락은 다섯 개인데, 이렇게 다섯 개가 되기 전의 단계를 보면 오리발처럼 손가락 중간에 세포들이 있습니다. 중간에 있는 세포들이 죽으면서 인간은 다섯 손가락을 가지게 됩니다. 올챙이가 개구리가 될 때에도 꼬리 세포들이 다 죽습니다. 혈관도 처음에는 안이 꽉 차 있다가 어느 순간에 세포들이 죽어서 안이 텅 비게 됩니다. 세포들이 죽을 때를 알고는 죽는 일이 일어나는 겁니다.

설스턴이 만든 세포 족보를 보면, 죽어야 할 세포들이 미리 정해져 있

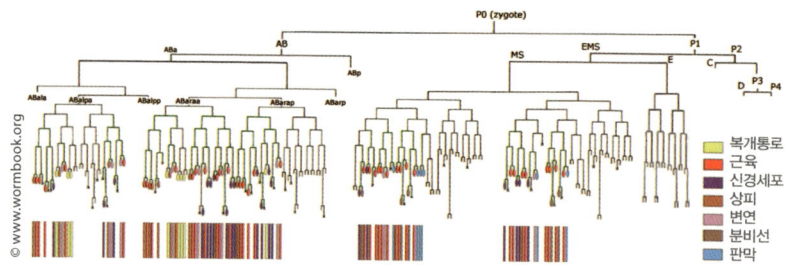

존 설스턴이 만든 세포 족보

습니다. 호르비츠는 돌연변이를 찾아서 과연 어떤 유전자가, 그리고 어떤 단백질이 세포 자살에 중요한 역할을 하는지를 밝혀냈습니다. 이를테면 죽어야 할 세포가 죽지 않는 돌연변이, 죽지 말아야 할 세포들이 죽는 돌연변이를 찾았습니다. 이를 통해 세포 자살에 필수적으로 관여하는 유전자를 발견했습니다. 그리고 예쁜꼬마선충에서 발견한 유전자가 초파리와 사람에게도 있다는 것을 알아냈습니다. 예쁜꼬마선충, 초파리, 사람을 포함한 포유동물에게서 똑같은 기작으로 세포들이 죽는다는 것을 알게 된 것입니다.

그러면 세포는 어떤 과정을 통해 죽을까요? 세포 자살의 과정에는 미토콘드리아가 중요한 역할을 합니다. 미토콘드리아에 관여하는 여러 단백질들을 보면 세포가 세포 자살 과정에 있는지 아닌지를 알 수 있습니다.

세포가 죽는 과정을 보니, 사람에게서 일어나는 것과 정말 유사했습니다. 호르비츠는 사람의 유전자를 예쁜꼬마선충에 집어넣었고 똑같은 일이 벌어진다는 것을 알게 되었습니다. 인체에도 계획된 프로그램에 의해 세포가 자살하는 기작이 존재한다는 사실을 입증한 것입니다. 호르비츠는 이 연구로 노벨상을 수상했습니다.

호르비츠의 연구는 죽지 말아야 할 세포가 죽거나, 죽어야 할 세포가 죽으면 질병이 생기기 때문에, 그 균형이 중요하다는 것을 알게 했습니다. 세포 자살과 불멸이 질병들의 아주 중요한 기작이라는 것을 깨닫도록 한 것입니다. 이런 세포 자살 연구는 질병 치료약을 개발하는 데 큰 도움을 주었습니다. 가령 죽어야 할 세포가 계속 증식하는 것이 바로 암세포입니다. 자가면역 질병도 마찬가지입니다. 세포 자살 조절 유전자가 제대로 작동하지 않아 죽어야 하는 세포가 살아남게 되어 생기는 겁니다. 이와 달리 죽지 말아야 할 신경세포들이 죽으면 퇴행성뇌질환이 생깁니다. 세포가 과도하게 죽어 세포 소실이 일어나 제 기능을 못하게 되어 생기는 질병에는 퇴행성뇌질환 외에도 후천성면역결핍증, 뇌졸중, 심근경색, 루게릭병, 헌팅턴병 등이 있습니다.

RNAi 현상의 발견

2006년 노벨 생리의학상도 예쁜꼬마선충을 연구한 두 명의 과학자가 수상했습니다. 앤드루 파이어(Andrew Fire)와 크레이그 멜로(Craig Mello)는 예쁜꼬마선충을 대상으로 유전자 발현이 어떻게 조절되는지를 연구했고, 1998년 특정 유전자로부터 전사된 mRNA가 분해되는 기작을 밝혔습니다.

앤드루 파이어는 예쁜꼬마선충의 RNA를 세포 안에 집어넣어 유전자 발현을 억제하는 현상을 유도하려고 했는데, 어떻게 하다 보니 실수로 RNA 두 가닥을 붙여서 세포에 주입하게 되었습니다. 즉 이중나선 RNA를 찔러넣었던 겁니다. 그랬더니 아주 효과가 좋다는 것을 발견하게 되었습니다. 단백질이 만들어지지 않았던 것입니다. 한 가닥의 RNA는 효과가 없는 반면 두 가닥의 RNA는 효과가 아주 컸습니다. 도대체 왜 이런

2006년 노벨 생리의학상을 받은 앤드루 파이어(왼쪽)와 크레이그 멜로(오른쪽)

것일까요? 파이어와 멜로는 이 기작을 밝혀냄으로써 노벨상을 탔습니다. 이렇게 RNA 분자가 mRNA를 분해해서 특정 유전자 발현을 억제하는 현상을 RNA 간섭(RNA interference, RNAi) 현상이라고 합니다.

분자생물학의 중심원리, 곧 센트럴 도그마(Central Dogma)는 유전정보가 DNA에서 RNA로 전사되고, 그것이 번역되어 단백질로 옮겨진다는 것을 얘기하고 있습니다. RNAi 현상은, 만들어진 RNA와 유사한 염기서열을 갖고 있는 RNA 분자가 들어가면 RNA로부터 단백질이 만들어지지 않게 된다는 것을 말해줍니다. 유전정보 전달을 인위적으로 방해할 수 있는 가능성을 보여준 것입니다. 이런 RNA 간섭 현상은 바이러스에 대한 면역반응과 연관 지을 수 있습니다.

생체 내의 RNA는 한 가닥입니다. 두 가닥으로 된 RNA는 드뭅니다. 외부에서 들어온 바이러스일 경우가 많습니다. 동물은 이런 두 가닥으로 된 RNA에 대한 면역 기작을 갖고 있다고 생각할 수 있습니다. 그래서 두 가닥으로 된 RNA를 바깥에서 주입하면 염기서열이 비슷한 RNA에서 단백질이 만들어지는 것을 방해하게 되는 것입니다. 파이어와 멜로는 예쁜꼬마선충에서 이런 기작을 먼저 규명했고, 이런 기작이 다른 생물에게도 존재한다는 것을 밝혀냄으로써 노벨상을 수상했습니다.

이런 RNA 간섭 현상은 다양하게 응용될 수 있습니다. RNAi는 현재 유전자 기능 연구에서 중요한 방법 중 하나로 널리 활용되고 있을 뿐 아니라, 앞으로의 질병 치료와 유전공학에도 매우 유용하게 응용될 것으로 보입니다. 최근에는 사람 세포와 실험동물에서 RNAi를 이용해 인위적으로 유전자 발현을 억제시킨 연구 결과들이 발표되었습니다. 가령, siRNA를 처리함으로써 콜레스테롤고혈증을 일으키는 유전자의 발현을 효율적으로 억제시킨 사례가 있습니다. 과학계에서는 RNAi 현상을 이용해 감염성 질환, 심혈관계 질환, 암, 내분비 장애 등을 포함한 여러 가지 질환을 치료할 수 있게 될 것으로 내다보고 있습니다. 가야 할 길이 멀긴 하지만, 실제로 RNA를 이용해서 신약 개발 연구가 진행되고 있습니다.

녹색형광 단백질와 예쁜꼬마선충

가장 최근에 예쁜꼬마선충 연구로 노벨상을 탄 과학자는 마틴 챌피(Martin Chalfie) 컬럼비아대학교 교수입니다. 이 과학자는 2008년 노벨 화학상을 수상했습니다. 마틴 챌피가 노벨상을 탄 이유는 녹색형광 단백질을 만드는 유전자를 여러 생물체에 집어넣어 녹색형광을 표적인식 단백질로 쓰는 데 공헌했기 때문이었습니다.

예쁜꼬마선충을 모델동물로 연구한 마틴 챌피는 2008년에 노벨 화학상을 수상했다.

녹색형광 단백질은 1960년대에 일본 과학자 시모무라 오사무(下村

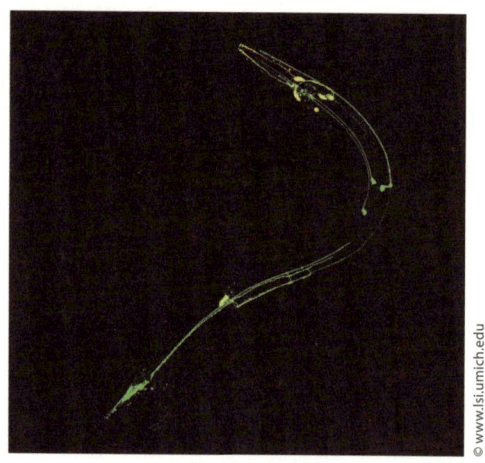
녹색형광 단백질로 본 예쁜꼬마선충

脩)가 해파리에서 처음 발견했습니다. 마틴 챨피는 그 녹색형광 단백질(Green Fluorescent Protein, GFP)을 이용해 이웃하는 유전자의 발현을 추적할 수 있는 연구 결과를 발표했습니다.

  그러면 과연 단백질은 어떻게 형광을 낼 수 있는 것일까요? 녹색형광 단백질은 아주 특수한 구조를 지니고 있어서 파장이 짧습니다. 파장이 짧으면 파장이 긴 것보다 에너지가 조금 높습니다. 형광은 어떤 분자가 빛을 내면서 에너지가 낮아질 때 나타납니다. 즉 흡수된 빛 에너지보다 낮은 에너지의 빛을 내는 것입니다. 그래서 녹색형광 단백질에 파란색 빛을 쪼이면, 파란색보다 파장이 긴 녹색 빛을 냅니다.

  마틴 챨피와 함께 화학상을 탄 로저 첸(Roger Tsien)은 단백질이 녹색뿐 아니라 노란색, 붉은색 등 다양한 색의 형광빛을 낼 수 있도록 만들었습니다.

  이런 녹색형광 단백질은 생체에 단백질 상태로 집어넣는 것이 아닙니다. DNA 상태로 생체에 넣어주면 그것이 만들어낸 단백질이 녹색형광을 띠게 됩니다. 그래서 예쁜꼬마선충을 비롯해, 초파리, 쥐, 원숭이에게까지 유전자를 집어넣은 후 빛을 쪼여주면 녹색형광이 나타납니다. 이런 녹색형광 단백질은 살아 있는 생물체에서 어떤 단백질이 어디에서 만들어지는지를 알려주는 역할을 합니다.

눈에 띄는 예쁜꼬마선충 연구

그러면 예쁜꼬마선충을 대상으로 이뤄지고 있는 연구 가운데 어떤 분야의 연구가 노벨상을 탈 가능성이 높을까요? 이런 전망은 순전히 제 생각입니다.

첫 번째, 수명 관련 연구를 꼽을 수 있습니다. 야생에서의 예쁜꼬마선충의 수명은 30일 정도입니다. 한 세대에서 다음 세대로 가는 데에는 3일이 걸립니다. 그런데 어떤 특정 유전자에 돌연변이가 생기면 건강하게 2배 이상 오래 살고, 또 다른 유전자에 돌연변이가 생기면 수명이 3분의 2 정도로 짧아진다는 것이 밝혀졌습니다. 도대체 어떻게 이런 수명 조절이 가능할까요? 우리나라에서는 포스텍의 이승재 교수가 예쁜꼬마선충을 대상으로 이런 수명 연구를 진행하고 있습니다. 수명 연장에 대한 인류의 관심이 지대한 만큼, 앞으로 이 분야에서 노벨상이 나오지 않을까, 하고 조심스럽게 전망해봅니다.

두 번째, 신경생물학과 관련된 행동 연구가 눈에 띕니다. 만약 우리가 예쁜꼬마선충의 모든 신경네트워크를 이해하게 되면 행동을 이해할 수 있을 겁니다. 가령 예쁜꼬마선충은 주화성을 갖고 있습니다. 주화성은 동물이 어떤 화학물질을 좋아하는지, 싫어하는지를 보여줍니다. 예쁜꼬마선충은 벤잘데하이드(benzaldehyde)라는 화학물질에 양의 주화성을 보

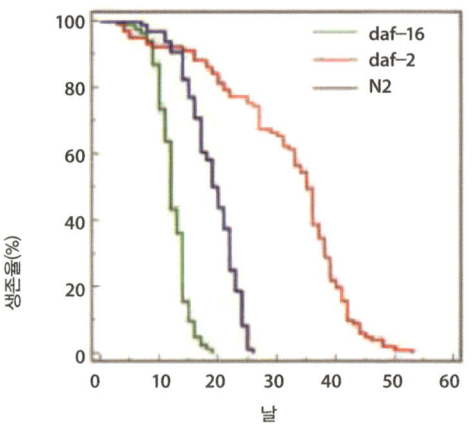

특정 유전자에 돌연변이가 생긴 예쁜꼬마선충은 다른 개체보다 2배 이상 오래 산다.

입니다. 이 벤잘데하이드는 박테리아 냄새와 비슷하기 때문에, 먹이가 될 수 있는 박테리아를 찾는 예쁜꼬마선충은 이 화학물질에 양의 주화성을 보이는 겁니다. 그러면 예쁜꼬마선충도 벤잘데하이드에 '순응'할까요? 시간이 지나면 처음과 달리 무감각해지는 것을 '순응'이라고 하는데, 예쁜꼬마선충이 벤잘데하이드를 좋아하기는 하지만 벤잘데하이드에 한 시간 정도 푹 담가놓으면 더 이상 좋은 냄새로 인식하지 않습니다. 순응이 나타나는 겁니다. 물론, 이것 외에도 좀더 고차원적인 연구, 예컨대 지능과 같은 연구들을 예쁜꼬마선충을 대상으로 진행할 수 있을 겁니다.

예쁜꼬마선충은 최초로 유전체의 DNA 염기서열이 해독된 다세포 모델동물입니다. 아주 작은 벌레이지만, 신경, 근육, 소화, 표피, 생식 등 다양한 조직들로 구성된 이상적인 모델동물입니다. 국내외 많은 연구자들이 현재 예쁜꼬마선충을 모델동물로 삼아 발생유전학, 신경생물학, 노화학, 생물정보학 등의 연구를 진행하고 있는데, 머지않아 또 하나의 노벨상 수상 소식이 이 분야에서 전해지지 않을까 기대해봅니다.

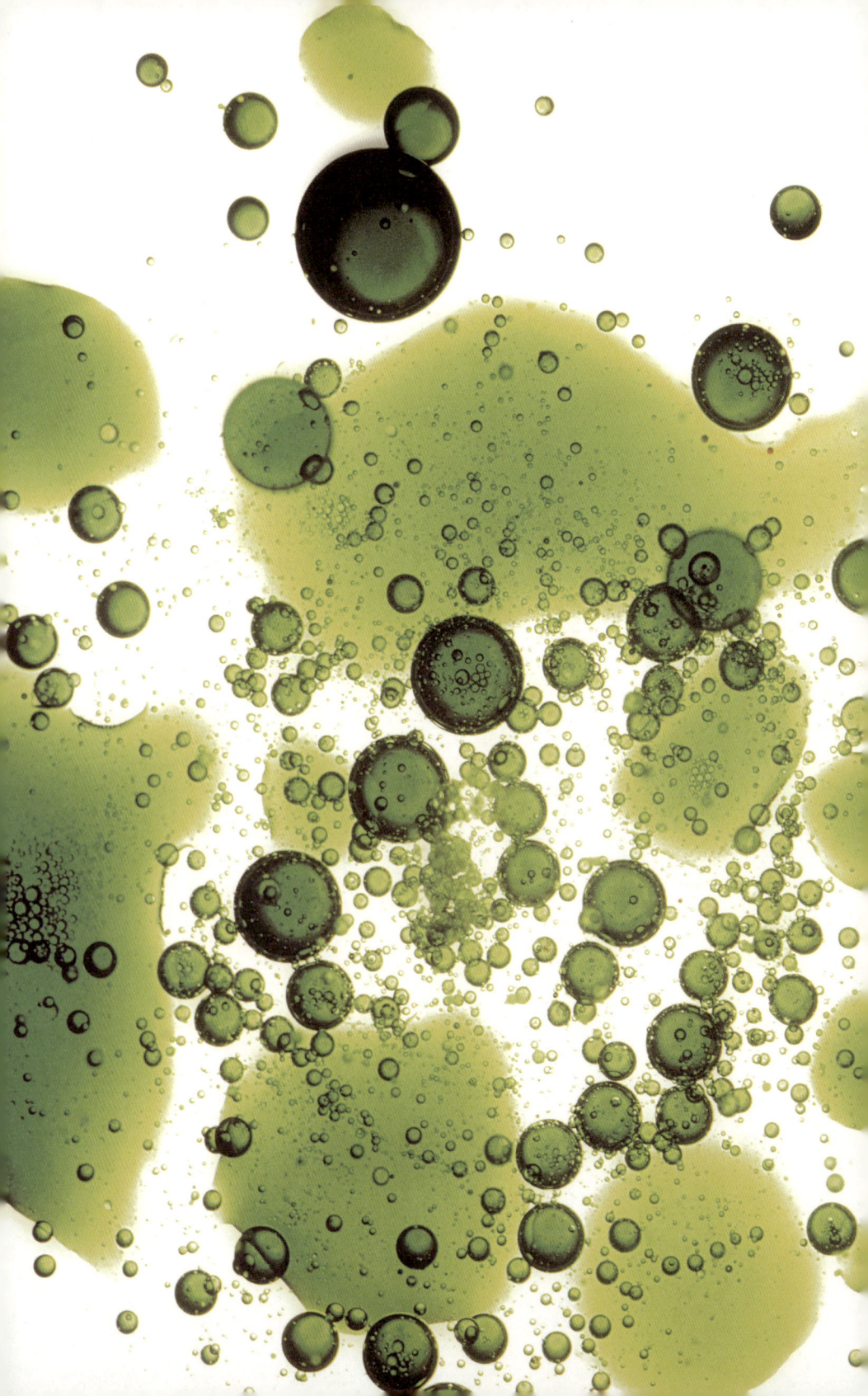

2부
생명은 길을 찾는다

생명은 강렬하고, 다양하고, 기이하고, 독창적이다. 하나의 세포 안에도 우주가 담겨 있으며, 모든 생명체는 믿기지 않을 정도로 활기가 넘친다. 하나같이 자연선택의 검증을 거친, 탁월한 생명체다. 더 깊이, 더 폭넓게 파헤칠수록, 우리는 가장 기발하고 뛰어난 아이디어를 생명체에서 구할 수 있다. 과연 생물학 지식의 발달은 우리의 삶을 얼마만큼 바꿔놓게 될까? 언제 우리는 생명이라는 퍼즐의 마지막 조각을 맞추게 될까? 2부에서는 미생물공학, 의약학, 법의학, 나노메디신, 뇌과학, 생명공학, 의생학 등 생물학계의 최전선에서 이뤄지고 있는 변화무쌍한 흐름과 전망을 엿볼 수 있을 것이다.

왜 지구의 주인은 미생물인가

오태광 서울대학교 특임교수 겸 국가미래연구원 연구교수

서울대학교에서 식품공학을 전공했으며, 동대학교에서 미생물 효소학으로 박사학위를 받았다. 한국생명공학연구원에서 30여 년간 미생물 연구로 국제학술논문과 특허 등 400여 건의 연구성과를 이루었다. 교육과학기술부 21세기 미생물 프론티어 사업단장을 10년 동안 하면서 미생물 자원 확보 세계 1위, 중요 미생물들의 유전체 분석, 독도에서 분리한 미생물의 독도 명칭 사용, 45건 이상의 미생물 관련 특허 기술 이전, 미생물에 대한 국가 인프라 구축 등 우리나라 미생물 연구에 견인차 역할을 했다. 이러한 결과를 인정받아서 과학기술유공자 훈장(2008년), 미생물학회 학술대상(2012), 공로상(2008년) 등을 수상했다. 저서로는 『보이지 않는 지구의 주인 미생물』이 있다. 서울대학교 특임교수 겸 국가미래연구원 연구교수로 활동 중이다.

지구의 주인은 미생물입니다. 흙 1g 속에는 중국의 인구보다 더 많은 미생물이 살고 있습니다. 미생물학자가 추정하기로는, 흙 1g 속에는 25억여 마리의 미생물이 살고 있습니다. 그러니까 흙 3g에는 인류의 인구보다 많은 미생물이 살고 있는 것입니다.

사람의 세포 수는 대략 50조 개 정도입니다. 그런데 사람 뱃속에는 대략 200조 개의 미생물이 살고 있습니다. 여러분은 과연 우리가 사람인지 미생물인지 생각해볼 필요가 있습니다.

어쨌든 수적으로 미생물은 굉장히 많습니다. 생물체(바이오매스)는 사람, 고래, 코끼리, 나무 등 모든 생명체를 일컫는데, 무게로 보면 생물체 중량의 60%가 미생물입니다. 이 같은 사실을 보면 지구가 미생물 덩어리라는 생각이 들 겁니다. 그러면 미생물이 과연 어떤 역할을 하기에 지구의 주인이라고 할 수 있는 것일까요?

유전적 다양성을 지닌 미생물

미생물은 유전적 다양성과 기능적 다양성의 중요성으로 인해 지구 생태계에서 핵심적인 위치를 차지하고 있을 뿐 아니라, 인류에게 없어서는 안 될 엄청난 경제적 가치를 제공하고 있습니다.

지구 생물체는 굉장히 다양합니다. 현대 인류는 꿈틀벌레에서부터 침팬지에 이르기까지 매우 다양한 생물 종을 모으고 보관하고 있습니다. 다양한 생물 종의 유전정보를 우리 삶의 질을 높이거나 삶의 폭을 확장시키는 자료로 쓰기 위해서입니다.

미생물은 15~20억 년 전부터 살았습니다. 20억 년 전의 지구는 어땠을까요? 인간이 결코 살 수 없는 환경이었습니다. 온도가 높을 뿐 아니라, 공기 중에 이산화탄소와 이산화황의 함량이 높았습니다. 인간이 지구에 등장하기 훨씬 전, 미생물은 동식물이 살 수 있는 지금의 지구 환경을 만들었습니다. 가장 큰 예가 석회석입니다. 석회석은 미생물인 산호가 공기 중 이산화탄소를 포집함으로써 만들어진 퇴적층입니다. 만일 석회석의 이산화탄소가 공기 중으로 나간다면 이 지구 상에 살아 있는 생물은 아무것도 없을 겁니다.

흔히 미생물이라고 하면, 살모넬라, 콜레라, 곰팡이 등 뭔가 기분 나쁘고 혐오스러운 것을 떠올립니다. 그러나 모든 미생물이 나쁜 것은 아닙니다. 미생물은 네 가지 특징을 지닙니다. 첫째 유산균처럼 인간에게 이롭습니다. 둘째 병원균처럼 인간에게 해롭습니다. 셋째 다양한 유전정보를 지닌 생물체의 조상입니다. 즉 15~20억 년을 산 미생물 속에는 막대한 유전정보가 들어 있습니다. 그 정보를 다 캐내게 되면 인류는 큰 힘을 얻게 될 것입니다. 넷째 미생물은 기괴한 행동을 합니다. 300°C 이상의 물에서도 살고, 1만m 밑의 물속에서도 삽니다. 그러니까 1000기압 속에서도 미생물이 산다는 얘기입니다. 대장균은 4000m 물속에서도 발견되었습니다. 4000m는 400기압으로, 현대 물리학과 생물학은 이런 기압 속에서 어떻게 대장균이 살 수 있는지 아직 설명하지 못하고 있습니다.

미생물은 현미경으로 관찰할 수 있는 생물입니다. 늘어나는 속도는 굉장히 빠릅니다. 15~20분이면 2배가 됩니다. 미생물이 15분마다 2배가 된다고 가정할 때, 한 시간이면 2^4배, 하루면 2^{96}배가 됩니다. 2^{96}배는 십진법으로 환산하면 10^{30}배로 천문학적인 수로 불어납니다.

현재 알려진 미생물은 전체 미생물 종의 1% 미만으로, 자연계에 존재하는 미생물의 약 99%는 아직까지 발견되지 않았습니다. 이들 대부분은 배양하기 어렵거나 또는 배양하기 불가능한 미생물일 것이라고 추정하고

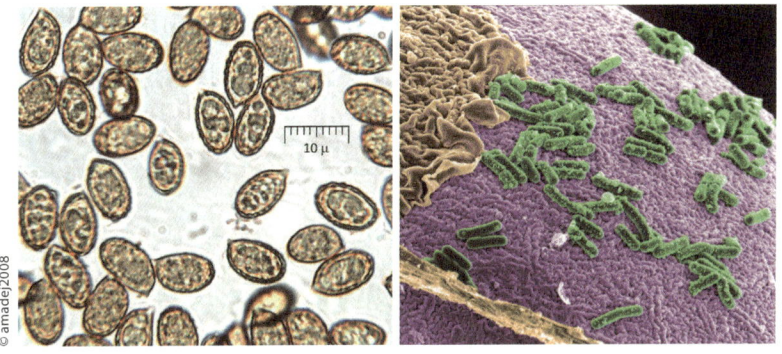
미생물에는 곰팡이, 대장균, 결핵균, 화농균, 바이러스, 아메바 등 다양한 종류가 있다.

있습니다. 최근 배양하기 어려운 미생물을 체계적으로 이용하고자 하는 연구가 선진국을 중심으로 본격적으로 수행되고 있는데, 배양하기 어려운 미생물의 경우 배양하지 않고 유전정보만 빼내고 있습니다. 이렇게 해서 획득한 유전체 정보를 메타게놈이라고 합니다.

미생물 사회에서도 인간 사회처럼, 치열한 생존경쟁 속에서 약자는 죽고 강자는 사는 현상들이 일어나고 있습니다. 미생물의 종류는 꽤 다양합니다. 화농균, 유산균, 대장균, 결핵균, 바이러스, 곰팡이, 포도주균, 버섯균, 아메바 등이 전부 미생물입니다.

미생물의 크기와 모양

미생물은 눈에 보이지 않는 생물입니다. 그런데 미생물인 곰팡이는 어떻게 눈에 보이는 것일까요? 빵의 곰팡이가 눈에 보이는 이유는 100만 마리 이상이 모여 있기 때문입니다. 그렇게 모여 있는 것을 군집(colony) 혹은 균체라고 합니다.

미생물의 크기를 다른 생물과 한번 비교해보겠습니다. 2m 농구선수의 1000분의 1이 개미 한 마리의 크기(2mm)입니다. 그리고 개미의 1000분의 1이 미생물 세포 하나의 크기입니다. 우리가 미생물을 눈으로 보지 못하는 것은 당연합니다.

미생물이 약 100만 마리에서 1억 마리가 모여 군집을 형성하게 되면, 육안으로 미생물을 볼 수 있습니다. 우리 눈에는 한 마리로 보이지만, 사실은 100만 마리가 모인 균체입니다. 이런 균체 모양은 미생물의 종류에 따라 다르고 굉장히 신비로우면서도 예쁩니다.

미생물을 전자현미경으로 보면, 규칙적인 형태를 갖고 있으며, 반복되는 프랙털 구조를 띱니다. 이런 미생물의 프랙털 구조는 우주의 구조와도 유사합니다. DNA 구조도 프랙털 구조를 띱니다. 아주 작은 미시세계에서부터 우주까지 전부 비슷한 구조를 가진 셈입니다.

미생물은 모든 곳에 살고 있습니다. 우리 얼굴에만 해도 가로세로 1cm인 공간에 60~100마리가 삽니다. 미생물이 많으면 피부가 나빠지지만, 아예 없어도 문제입니다. 미생물이 없으면 우리의 피부는 자외선에 바로 노출되기 때문입니다. 미생물이 있다면 자외선에 먼저 쪼이는 것은 얼굴이 아니라 미생물입니다. 입 안에 살고 있는 미생물은 약 500종 정도입니다. 미생물은 김치, 메주, 요구르트를 비롯해서 빵, 의약품, 화학제품생산, 바이오에너지 생산, 색조 화장품에 이르기까지 다양하게 이용됩니다. 현재 바이오 산업의 60%가 미생물 산업입니다. 우리 생활에 미생물과 관계가 없는 것은 찾아보기가 어려울 정도입니다.

미생물 유전체의 염기서열 해독

우리 눈에 보이지 않는 미생물 속에는 5000~7000개의 화학공장이 있습니다. 현재 과학자들은 이 화학공장을 이용해, 공해를 일으키지 않는 친환경적 산업을 만들어가려고 노력하는 중입니다. 이런 화학공장의 설계도를 알기 위해서 미생물 유전체를 분석하고 있습니다. 미생물의 화학공장을 발굴하기 위해서입니다. 미생물의 화학공장들이 많이 발견만 된다면 아마도 우리가 살아가는 데 필요한 수많은 물질을 만들 수 있을 것입니다.

세포의 핵 속에는 생물의 설계도인 유전정보가 담긴 DNA가 있습니다. DNA에서 하나의 고유한 형질을 결정하는 유전 단위를 유전자(gene)라고 합니다. 그리고 이 유전자, 유전자 조절인자, 알려지지 않은 유전자 전체를 유전체(게놈)라고 합니다.

미생물 유전체는 요즘 마음만 먹으면 하루에 한 개 이상씩 분석할 수 있습니다. 유전체를 해석하는 것은 마치 보물지도를 갖게 되는 것과 유사합니다. 보물지도 없이 보물을 찾는 것과 보물지도를 갖고 보물을 찾는 것은 천양지차입니다. 보물지도를 갖고 있으면 굉장히 빨리 정확하게 보물을 찾을 수 있을 겁니다.

유전체 혁명과 유전정보 혁명이 일어나기 전, 미생물 연구는 시행착오적 방법(trial and error)을 적용했습니다. 시간이 많이 들 뿐 아니라 좋은 성과를 거두기 어려웠습니다. 그러나 이제는 미생물의 유전체 및 단백체 분석을 통해 대사회로 지도를 만들 수 있고, 이 지도를 보물을 찾아가는 데 활용하기 때문에, 더 빠르고 더 효율적으로 실용화 기술을 개발할 수 있게 되었습니다.

미생물 유전체는 그 크기가 수백만 염기쌍 정도로, 고등생물에 비해

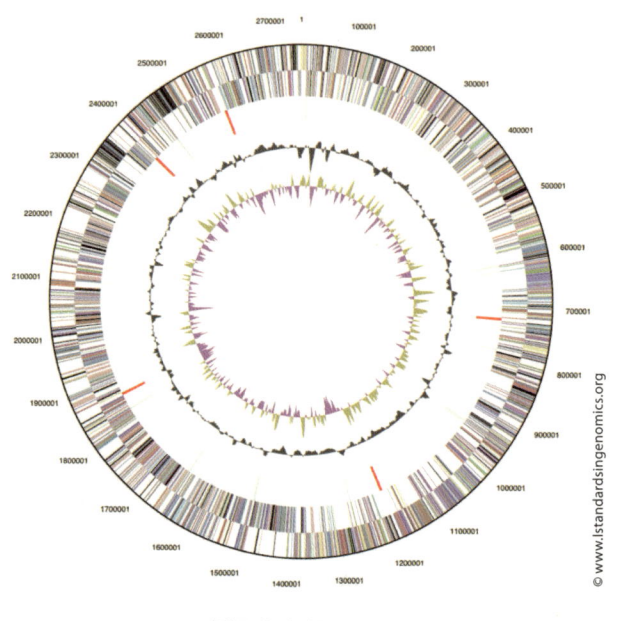

미생물 유전체 분석 사례

수백 내지 수천 배 작습니다. 그래서 취급하기가 쉽고, 연구비도 적게 들 뿐만 아니라, 유전체 내 유전자 밀도가 매우 높아 적은 비용으로 귀중한 유전자 정보를 많이 확보할 수 있는 장점을 지녔습니다.

항생제를 생산하는 미생물인 스트렙토미케스 세리콜라(*Streptomyces coelicolor*)의 경우는 유전자가 7500개, 맥주를 만드는 사카로미케스 세레비시에(*Saccharomyces cerevisiae*)의 경우는 유전자가 6700개입니다. 인간 유전체의 유전자 수는 크기에 비해서 예상보다 훨씬 적은, 대략 2만~2만 5000여 개 정도에 불과합니다. 즉 유전자라는 물질 차원에서는, 미생물이 고등생물에 비해서 얻을 수 있는 물질의 수에서 훨씬 더 유리한 것입니다. 상대적으로 미생물의 유전체는 크기가 굉장히 작아 쉽게 분석할 수 있는 데 비해 얻어진 유전자 수가 많으므로 그만큼 유용한 물질을 얻는 데 유리하다는 것을 알 수 있습니다.

정보화 시대에서 바이오 시대로의 전환에는 철학적인 의미도 포함되어 있습니다. 지금까지의 세상은 2진법이 중시되는 세상이었습니다. 0 아니면 1만 있는 세상입니다. 그 중간은 없습니다. 컴퓨터는 '글쎄'라는 말을 절대로 하지 못합니다. 그런데 인간 유전체는 A, T, C, G, 즉 4진법으로 이루어졌습니다. 쉽게 말해, 2진법이 '예'와 '아니오'만 허용했다면 4진법은 '글쎄'와 '잠깐만'까지 허용된다고 보면 됩니다.

그래서 컴퓨터는 숫자, 그림, 정보에 제한되었다면, 이제 유전자는 에너지, 생리활성조절, 감성인자까지 표현할 수 있습니다. 우리는 아직 2진법 세상에서 살고 있지만, 앞으로는 물리학, 화학, 생물학, 수학을 막론하고 4진법을 이해해야만 하는 바이오 시대로 변화하고 있습니다. 바이오 시대에서는 BT와 IT가 융합하여 과학기술은 물론이고 사람이 살아가는 전체에 큰 변혁이 일어날 것입니다.

미생물 유전체는 어떻게 응용하는가?

유전체를 해석함으로써 할 수 있는 것들은 우리의 상상 그 이상입니다. 쉽게 표현하면 영화에서 보는 제5원소와 같은 신소재를 개발할 수 있습니다.

예를 들어, 우라늄만 먹는 미생물이 있습니다. 우라늄을 먹이면서 키운 후 이 미생물을 태우면 아주 간단하게 농축 우라늄을 얻을 수 있습니다. 지금까지는 우라늄을 농축하려면 원심분리기를 이용해야만 하는 등 번거로운 과정을 반드시 거쳤어야 했습니다.

유전체를 응용하면 신 정밀화학공업도 가능해집니다. 지금의 화학공

20세기 IT 2진법	21세기 BT 4진법
0110101001010101111100101010101 0010101010010101011111001010100 1010101111100010100101010111100 1010010101010010100101010100010 1000101011110111110001010010101 1011100101001010100101001010 1010111101111000101001010101011 1100101010010101011110001010101 010101111001010010101010100101001 0101010001010010101011110101010	atgaagttctaagatcccaatggaatttcctaaggcat gaccagtcgtaagtggatcggggtactgacgtcgatc agtcagctagtctagctacgtacactacgtttgcttagt gttgtcatcgattcgtgagtgcggctgtctgggatcgg ctctgtccggagaatgcagcgggccctgcctggcgg ggacccgcaagccgcgccgtggcggaggtgtcggg cagccactccttcgtccctcaggtctcttgctctgattc tcgatcgattcgatcgatctggtcgattcgtatcge atcgtcgctagctagctagcttacgccgtactgtacgc tgctagctagctacgcgattggaaccaggtacggact cgaacattgaccgttaaccttaatacgcctttgcctagt

⬇ 숫자, 그림, 정보 등

⬇ 에너지, 생리활성조절, 감성인자 등

정보화 시대에서 바이오 시대로의 전환은 2진법 시대에서 4진법 시대로의 전환을 의미한다.

업은 공해를 일으키고, 효율이 낮으며, 에너지가 많이 들어갑니다. 그런데 생물체를 이용하면 무공해, 고효율, 저에너지 정밀화학공업이 가능해집니다.

로봇을 예로 들어보겠습니다. 로봇을 만들려면 수없이 많은 모터가 필요합니다. 고개를 끄덕일 때도, 손가락을 움직일 때도, 앞으로 움직일 때에도 모터가 필요합니다. 이들 모터를 움직이려면 동력이 있어야 합니다. 하나의 로봇을 계속 움직이게 하려면 수많은 전지가 필요합니다. 그러나 만일 생명체의 에너지 흐름을 이용한다면 새로운 개념의 로봇 개발이 가능하게 될 것입니다.

미국에서 계속 화성으로 위성을 보낸 이유도 미생물 때문입니다. 1984년 미국의 나사(NASA)는 남극 지역에서 1만 3000년 전의 화성 운석을 발견했습니다. 이 화성 운석을 확대해보니 미생물처럼 생긴 모양이 관찰되었습니다. 지질학자들과 논의해보니, 모양은 생물일 가능성이 높지만, 이런 형태의 모양은 우연히 생길 수 있다는 가설도 제기되었습니다. 나사는 운석의 이 미생물 모양을 가진 부분 주위를 분석하기 시작했습니다. 놀랍게도, 다핵방향족탄화수소(PAHS), 탄산염(Carbonate) 등 미생물 대사유사체가 발견되었습니다. 이 말은 미생물이 있다는 뜻입니다.

그래서 현재 미국과 유럽은 보이지 않는 화성 개발 경쟁을 하고 있습니다. 2004년 3월, 유럽 위성이 화성에 먼저 착륙했습니다. 유럽 위성은 메탄가스를 발견했습니다. 메탄가스는 퇴비 같은 것이 썩을 때 많이 발생하는, 즉 미생물의 작용으로 나오는 기체입니다. 그래서 유럽 쪽은 화성에 미생물이 살아 있거나 과거에 살았을 것이라고 추측하였고, 지금은 생물이 살 수 있는 물을 찾기 위해서 노력하고 있습니다.

현재의 화성에서는 인간이 살 수 없습니다. 그러나 만일 우리 지구의

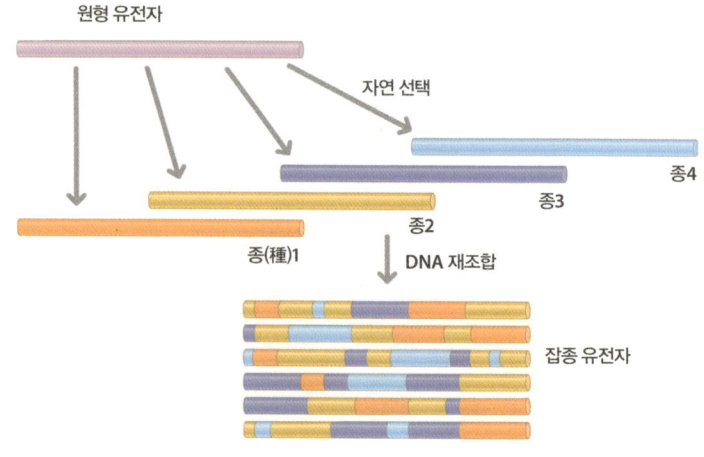

유전자 재조합법(DNA Shuffling 기술)

　미생물을 우주선에 실어서 화성으로 보낸다면, 15억 년 전에 지금의 생물이 살 수 없는 지구를 오늘날의 동식물을 살 수 있게 만들었듯이, 미생물은 화성을 인간이 살 수 있게끔 만들 수도 있을 겁니다. 그런 큰 가능성을 제시해준 존재가 바로 미생물입니다.
　또한 최근의 과학기술은 유용한 미생물을 더욱 효과적으로 만드는 방법을 개발하는 중입니다. 대표적인 방법으로 유전자 재조합법을 꼽을 수 있습니다. 유전자 재조합법은 인간의 역사인 2000여 년 역사를 굉장히 빨리 진행할 수 있게 하는 기술입니다. 즉 자연계에서의 수천 년에 걸친 진화과정을 시험관 내에서 단지 1~2개월에 볼 수 있게 해줍니다. 이런 유전자 재조합법을 다른 말로 유전자 셔플(shuffle)이라고 합니다. 카드 게임을 하기 위해 카드를 섞듯이 유전자를 섞는 방법이라고 할 수 있습니다. 이 과정을 통해 우리에게 유용한 물질을 만드는 미생물을 찾을 수 있습니다. 미생물 유전체 분석을 통해 유전자를 알게 된 이후에는, 적어도

1만 배 정도의 높은 효율로 유용한 물질을 만드는 생물을 찾을 수 있게 되었습니다.

미생물이 없다면?

미생물은 자연을 순환시킵니다. 이것을 역으로 보여주는 사례를 하나 들어보겠습니다. 1985년 미국 애리조나 주에서는 인공 우주기지를 건설하는 대형 프로젝트가 진행되었습니다. 큰 건물을 짓고, 밀폐된 건물 속에 바다, 열대우림지, 경작지 등 지구 환경과 비슷한 환경을 만들어놓고 2년간 여덟 명의 과학자가 살았습니다. 이들 과학자들은 자급자족하면서 살았습니다. 이 프로젝트의 목적은 우주에서 신 지구 환경을 만들어낼 가능성을 찾는 것이었습니다. 우주에서 살 수 있는 기지를 만들기 위해서였습니다. 그러나 이 프로젝트는 실패했습니다. 실패하게 된 가장 큰 이유는 지구를 순환시키는 미생물을 넣지 않아서였습니다. 지구의 주인을 빼고 손님만 들어갔다가 실패한 것입니다.

만약 지금까지 지구 상에 살았던 수많은 사람이 한 명도 썩지 않고 시체 그대로 존재한다면 어떻게 되었을까요? 아마도 지구는 시체투성이였을 겁니다. 이들 시체를 분해시켜서 환원시킨 존재가 미생물입니다. 인공 우주기지 건설 프로젝트는 이렇게 자연을 순환시켜주는 미생물을 넣지 않았기 때문에 실패할 수밖에 없었던 것입니다. 미생물의 중요성을 엿볼 수 있는 중요한 사례입니다.

이 세상의 모든 생명체는 미생물의 도움을 받아 생명을 유지합니다. 단적으로 초식동물은 미생물이 없다면 섬유소를 분해해서 소화시킬 수 없어서 살 수가 없을 것입니다. 대개 소가 풀을 먹고 우유를 만들고 고기를 생산한다고들 말하지만, 정확하게 말하자면 소가 풀을 먹고 단백질을 만드는 것이 아닙니다. 소의 위 속에 살고 있는 박테리아가 섬유소를 분해하여 먹고, 먹이사슬에 의해 이 박테리아를 좀더 큰 생물인 위 속의 아메바가 먹습니다. 소는 원생동물인 아메바를 질소원으로 섭취하는 것입니다. 그러니까 소와 같은 반추동물은 자기 뱃속에서 미생물이라는 고기를 키워서 먹는 셈입니다. 소는 미생물이 없으면 살지 못합니다. 만약 소의 위 속에 미생물이 없었다면, 인간은 우유나 쇠고기를 맛보지 못했을 것입니다. 이런 소의 몸속 미생물의 생태계는 미생물 분야에서 아주 중요한 부분입니다.

상상을 뛰어넘는 미생물

이제, 미생물이 얼마나 다양하고, 특수한 능력을 가지고 있는지를 구체적인 사례를 들어가며 소개해보도록 하겠습니다.

핵 폭발에도 살아남아 기네스북에 실린 미생물이 있습니다. 다이노코커스 라디오듀런스(*Deinococcus radiodurans*)라고 하는 미생물입니다. 사람은 500~1000라드(rads) 정도의 핵 방사능에 닿으면 거의 죽습니다. 방사능에 노출되면, 유전체가 재생이 안 됩니다. 그런데 이 미생물은 방사선에 의해서 유전체가 조각조각 나뉘었는데도 불과 몇 시간 만에 다시 원 위치로 돌아와 유전체를 재생시킵니다. 이 미생물은 150만 라드(인간의 3000배) 정도의 핵 방사능이어야 손상된다고 합니다.

과학자들은 부랴부랴 이 미생물의 유전체를 분석해보았습니다. 사람과 크게 다르지는 않지만 여러 가지 큰 차이점도 발견하였습니다. 지금도 계속 연구가 진행되고 있습니다. 만약 이 미생물의 비밀이 밝혀진다면 굉장히 유용하게 사용될 것입니다.

　미생물이 만든 전기로 전등을 밝힐 수 있습니다. 현재는 전구를 밝히는 정도의 전기입니다. 미생물이 만든 전기를 효율적으로 빼내는 장치가 없어서 아직 잘 되고 있지는 않지만, 앞으로는 미생물이 가지고 있는 아주 작은 10^{-9}(10억 분의 1) 크기의 마이크로 튜브로 굉장히 효율적으로 미생물 세포 내에서 전기를

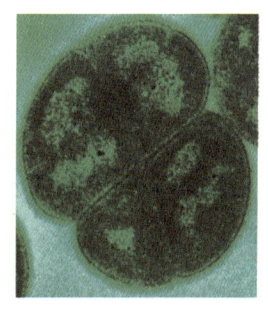

핵 폭발에도 살아남은 미생물 다이노코커스 라디오듀런스 (*Deinococcus radiodurans*)

꺼낼 수 있을 것입니다. 가로세로 1cm 안에 들어 있는 수십억 마리의 미생물이 전기를 만들고, 곧 전기를 우리 실제 생활에 사용할 날이 올 겁니다. 이 전기는 특히 미생물이 환경오염 물질을 먹음으로써 생깁니다. 적어도 호수에 전극을 꽂아놓으면 미생물이 그 호수의 오염물질을 분해시키면서 가로등을 켤 수 있는 겁니다.

　미생물은 금을 캘 때에도 사용될 수 있습니다. 금 광석은 금 함량이 높을수록 더 가치가 있습니다. 금 함량이 낮으면 광산 개발조차도 하지 않습니다. 과학자들은 어떤 미생물은 금광석에서 금만 먹는다는 것을 알아냈습니다. 그래서 원심분리를 통해 미생물과 돌을 분리한 다음, 이 미생물을 불에 태우면 금을 얻을 수 있을 겁니다.

　또 미생물을 이용해 놀라운 능력을 지닌 자석을 만들 수 있습니다. 예를 들어, 특정 미생물을 염화철이 녹아 있는 물에 집어넣으면, 이 미생물은 10nm 입자의 자석을 만듭니다. 말하자면 미생물이 자석을 만드는 화학공장인 셈입니다. 이 자석을 갖고 할 수 있는 일은 무한합니다. 이런 자석은 몇천 배나 품질이 뛰어난 컴퓨터 부품 등을 만들 수 있습니다. 상상에 그쳤던 일들을 모두 현실로 바꿀 수 있을 겁니다.

미생물과 화학공장

앞에서도 강조했듯이, 미생물은 화학공장입니다. 미생물을 다른 유전자에 집어넣으면 전혀 새로운 물질을 만들어낼 수가 있습니다.

대머리 치료에 효과가 있는 의약품을 예로 들어보겠습니다. 대머리 치료제는 복잡한 화학구조를 가지고 있습니다. 일반적인 화학반응을 통해 만들려면 거의 불가능합니다. 그 이유는 그 화합물에는 하이드록시기에 카복시기가 여러 개 있고, 특정한 위치에 화학반응이 일어나야만 대머리 치료제를 만들 수 있습니다. 그런데 화학적으로는 선택적으로 화학반응을 시키기가 거의 불가능하고, 가능하더라도 생산 효율이 굉장히 낮다는 단점을 지닙니다. 하지만 미생물이 만드는 특정 효소는 이런 선택성이 있는 화학반응을 고효율로 할 수 있는 능력이 있습니다. 미생물 효소를 이용해 발모촉진제를 만들어보았더니, 그 발모촉진제의 효율은 기존의 대표적인 발모촉진제의 100배 이상이었습니다.

미생물과 연계된 나노 기술도 전망이 밝습니다. 생체나노모터, 미세건축, 나노생체폭탄, 지능형 약물전달, 나노 로봇을 통한 성인병 치료 등 응용할 수 있는 영역은 매우 광범위합니다.

미세건축의 경우, 나노 굵기의 선은 머리카락 굵기의 10만 분의 1입니다. 물리적으로는 이런 굵기의 선을 만들기 어렵습니다. 그러나 미생물의 특정 유전자를 이용하여 금속을 붙이면 이런 굵기의 나노 선을 만들 수 있습니다. 이것이 상용화된다면, 지금의 중요 전자 부품보다도 훨씬 성능이 좋은 전자 부품들을 만들 수 있을 것입니다.

미생물을 이용해 지능형 약물전달시스템을 만들 수도 있습니다. 항생제로 질병을 치료할 때에는 대개 여러 시간 간격으로 사람에게 항생제를 투여합니다. 이는 병원균을 죽이게 하는 항생제의 최소저지농도

(minimum inhibitory concentration, MIC)를 유지하기 위해서입니다. 보통 항생제를 먹으면 최소저지농도는 여덟 시간 정도 유지되는데, 대부분 이런 농도를 체내에서 유지하기 위해 필요한 것보다 더 많은 항생제를 먹습니다. 그러나 자동으로 최소저지농도를 유지하는 소재를 미생물에서 찾는다면, 항생제를 한층 합리적인 농도로 처방하게 될 것이고 약물과잉 투여도 줄일 수 있게 될 것입니다.

과학자들이 개발하고 있는 나노 로봇의 최종 목적은 혈관 등 생체 조직에 들어가 나쁜 세균이나 암을 직접 죽이는 겁니다. 이때 중요한 것은 로봇을 움직이는 모터와 동력입니다. 미생물의 부품을 모터로, 미생물의 생체 내에 있는 포도당 등으로 전기를 만든다면 충분히 가능할 것입니다. 실제로 미생물을 동력으로 움직이는 로봇을 암 치료에 이용하는 연구가 진행되고 있습니다. 이 연구가 성공한다면, 질병을 극복하는 데 핵심적인 역할을 하게 될 것입니다.

앞으로 과학기술의 이정표는?

미생물 유전체의 완성과 이에 따른 유전체학(Genomics), 생물정보학(Bioinformatics), 단백체학(Proteomics), 대사체학(Metabolomics) 등의 오믹스(omics) 기술은 의학, 의료, 식품, 화장품, 농업, 화학, 에너지, 환경산업 분야에 막대한 파급효과를 가져올 것입니다.

의학·의료 분야에서 신 개념의 물질을 만들고, 분석 분야에서 DNA 칩이나 단백질칩 대사체 분석이 IT 기술과 융합하여 정밀한 진단 치료 방법을 개발하고, 식품 분야에서 미생물 유전체의 기능을 이용해 현재까지 극소량만 존재했던 소재를 개발하고, 화학 분야에서 지능형 미생물을 이용해 우리가 원하는 화합물이나 에너지를 고효율·무공해로 생산하게 될 것입니다. 우리는 여러 가지 산업 분야에서 BT를 중심으로 IT, NT 등이 융합되어 2030년경에 바이오경제(Bioeconomy) 시대로 이행하는 획기적인 발전을 기대할 수 있습니다.

21세기는 중요한 물질을 소유한 국가가 우선권을 갖는 시대가 될 것입니다. 이런 물질사회는 새로운 기능을 가진 물질을 끊임없이 추구할 것입니다. 다양한 물질의 기능은 생물체가 가지는 다양한 기능에서 찾을 수 있을 것입니다. 여러분이 이렇게 중요한 생명자원 쪽에 눈을 돌린다면, 지구의 주인인 미생물은 여러분에게 무한한 자극과 희망을 줄 것입니다.

신약은 어떻게 만들어질까

유성은 전 충남대학교 신약전문대학원 교수

서울대학교 화학과에서 학사, 석사를 마치고 미국 예일대학교에서 생유기화학으로 박사학위를 받았다. 미국 하버드대학교에서 박사 후 연수를 하였고, 미국 듀퐁사(E.I.DuPont) 중앙연구소에서 신약개발 관련 연구를 수행했다. 한국화학연구원에서 24년간 신약개발연구사업을 수행했다. 대형국책사업인 '프론티어연구개발사업'의 '생체기능조절물질사업단' 사업단장을 맡아 진행했으며, 충남대학교 신약전문대학원 교수로 재직했다. 신약 개발 연구의 연구책임자로 전주기적인 신약 개발 과정을 수행하였고, 특히 분자설계, 의약화학 및 조합화학 분야의 연구를 수행하였다. 질환 분야로는 심장순환기계, 대사성계 질환 분야에 특히 관심이 많다. 대통령표창(1996년), 이달의 과학자상(1998년), 국민훈장 혁신장(2011년) 등을 수상했다. 200여 편의 학술논문을 발표했으며, 120여 편의 국내 특허 및 국제 특허를 보유하고 있다.

현대인들은 생명과학 분야에 관심이 지대합니다. 그 이유 중의 하나는 생명과학을 '무병장수'의 꿈을 이루게 해주는 기술로 생각하기 때문입니다.

현재, 질환을 치료하는 방법은 다양합니다. 세포 치료, 유전자 치료, 단백질의약, 합성신약 등 여러 가지가 있으며 향후 상황에 따라 각각의 장점을 이용하여 유용하게 사용될 것입니다. 이 자리에서는 다양한 치료 방법 가운데, 저분자 유기화합물로 이루어진 합성의약품을 다뤄볼까 합니다.

합성의약품은 분자량이 대략 300~600 정도 되는 저분자 유기화합물을 말합니다. 이 저분자 유기화합물은 장에서 흡수되어서 편하게 경구로 투여할 수 있고 지속적으로 약효가 유지되도록 할 수도 있어, 환자의 입장에서는 매우 편합니다. 경구 투여가 가능하지 않은 상황이나 시급하게 약효가 필요할 때는 정맥주사를 통하여 투여할 수 있는 등 여러 가지 장점이 있습니다.

합성의약품의 등장

인류는 2000~3000년 동안 주로 식물로부터 유용한 물질을 뽑아 여러 질병을 치료하여 왔습니다. 『본초강목』이나 『동의보감』에서는 그런 약초들을 상세히 적어놓고 있습니다. 그러나 이에 근거한 치료법은 역사가 오래됐음에도 불구하고 병을 고치는 데 한계가 많은 것이 현실입니다.

현대 의약품의 역사는 길게 보면 100년, 짧게 보면 50~60년 밖에 안 되었습니다. 세균 감염에 의하여 수많은 사람이 희생되었고, 중세 때에는 페스트로 수천만 명의 사람이 죽기도 했습니다. 이러한 상황에서 페니실

루이 파스퇴르(왼쪽)와 폴 에를리히(오른쪽)는 의약 분야에서 가장 두드러지게 공헌한 과학자다.

린의 등장은 획기적인 역사적 사건이었습니다.

의약품은 19세기 말, 또는 20세기 초부터 개발되기 시작하였다고 볼 수 있습니다. 이 분야에서 가장 두드러지게 공헌한 과학자를 꼽는다면, 루이 파스퇴르(Louis Pasteur)와 폴 에를리히(Paul Ehrlich)를 꼽을 수 있습니다.

폴 에를리히는 유기합성을 통하여 최초의 합성의약을 만든 과학자입니다. 그는 매독을 치료할 수 있는 살발산 606이라는 합성의약품을 처음으로 개발하였습니다. 당시 유럽에서는 매독이 만연해 있어서, 살발산 606은 꿈의 약물이었습니다. 에를리히는 최초의 합성의약품을 개발하였을 뿐만 아니라 현대 의약화학이라는 학문 분야를 창시한 과학자라고 할 수 있습니다. 에를리히는 여러 화합물 중 특정한 화합물만이 약효를 나타내는 현상을 발견하고는 이 화합물을 '마법의 탄환(Magic Bullets)'으로 비유했습니다. 또한 파마코포어(Pharmacophore, 약물특이분자단)라는 개념으로 '마법의 탄환'이 되기 위한 조건을 규정하기도 했습니다. 어떻게 보면 신약 개발에 뛰어든 수많은 현대의 과학자들이 추구하는 것도 바로 또 다른 '마법의 탄환'을 만들어내는 것이라 할 수 있습니다.

지난 수십여 년간 이루어진 생명과학의 엄청난 발전 가운데 가장 중요한 사건이자, 신약 개발 연구에 심대한 영향을 끼친 사건은 아마도 2000년 초에 발표된 인간게놈프로젝트(인간유전체프로젝트)의 완성일 것입니다. 이 발표에 따르면, 인간의 유전자는 대략 2만 개 내지 2만 5000개로 추정되고 있습니다. 지난 100년 동안 개발된 의약품 가운데 작용원리가 밝혀진 것은 약 500개 정도입니다. 이중에 40%는 수용체를 조절하는 원리로, 다른 40%는 효소의 기능을 조절하는 원리로, 나머지는 이온채널을 조절하는 원리로 개발되었습니다. 향후 인간의 유전자 연구를 통하여 엄청나게 많은 수의 작용원리들이 밝혀질 것이고, 이에 근거한 새로운 의약품 개발도 급증할 것입니다.

새로운 약을 개발하려면 두 개의 연구 분야가 필요합니다. 하나는 질병의 원인을 밝히고 이에 근거하여 질병을 치료하기 위한 작용원리를 규명하는, 주로 생물학 관련 연구입니다. 또 다른 하나는 작용원리에 근거하여 생물학적 효능이 있을 것으로 예측되는 새로운 물질을 설계하고 합성하는 의약화학 관련 연구입니다. 두 분야는 컴퓨터의 하드웨어와 소프트웨어와의 관계와 유사합니다. 즉 성공적인 신약 개발을 위해서는 이 두 분야의 긴밀한 공동 노력이 필요합니다.

생물학 관련 분야를 세분화하면, 분자 차원에서의 생체 기능을 밝히는 분자세포생물학, 실험동물을 이용하여 약효를 검증하고 확인하는 약리학, 약물의 안전성을 검증하는 독성학, 약물이 들어갔을 때 생체 내 여러 가지 현상을 밝히는 약동력학 등이 있습니다. 의학화학 분야에서는 화합물을 설계하는 분자설계 기술, 설계된 물질을 실제로 합성하는 의약화학, 합성된 물질의 물리화학적 성질을 알아내기 위한 분석화학 등이

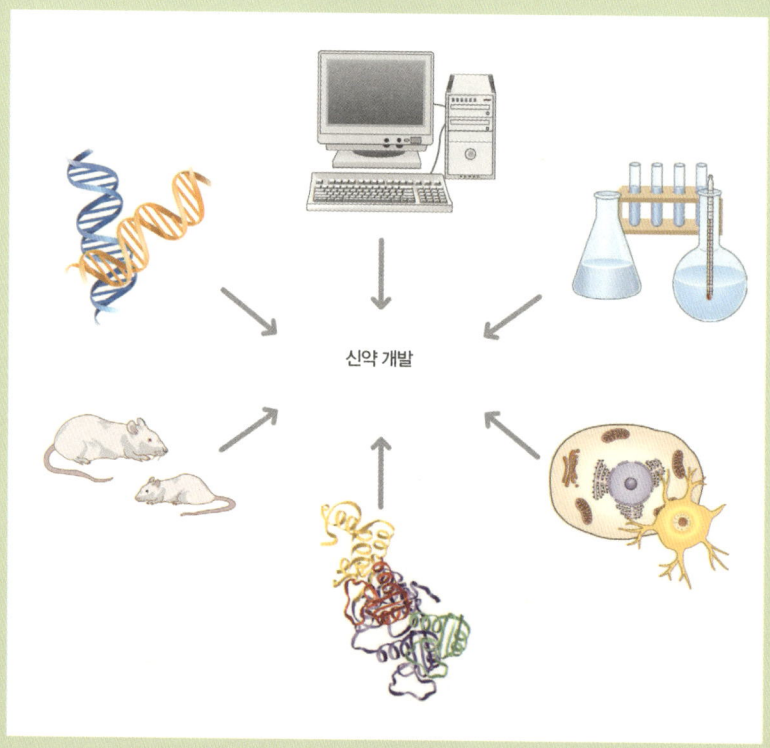

신약 개발이 효율적으로 이루어지려면, 분자세포생물학, 약리학, 약동력학, 독성학 분야의 기술들이 유기적이고 복합적으로 연결되어야 한다.

필요합니다. 이와 같이 다양한 연구 분야가 요구되는 신약 개발 연구는 어떻게 이들 기술들을 유기적이고 복합적으로 연결하고 운영하느냐에 성공 여부가 달려 있습니다.

약은 어떻게 질병을 치료하는가?

우리 몸은 유전자 정보에 따라 단백질을 만들어냅니다. 단백질은 크게 두 가지 기능을 합니다.

하나는 효소로서의 기능으로, 생체 기능을 유지하기 위하여 필요한 다양한 생물질들을 신속하게 만들어내기도 하고 폐기시키기도 하는 기능을 담당합니다. 우리의 신체 기능을 유지하기 위해 우리 몸에는 많은 심부름꾼이 존재합니다. 아세틸콜린, 아드레날린과 같은 신경전달물질들, 인슐린, 성장호르몬과 같은 호르몬류, 면역 기능과 염증과 관련된 사이토킨과 같은 물질들이 심부름꾼 역할을 합니다. 이런 생물질들은 필요에 따라 신속하게 만들어지거나 파괴되어야 하는데 이 기능은 효소가 담당하고 있습니다.

단백질이 지닌 중요한 또 하나의 기능은 다양한 신호전달을 수행하는 수용체로서의 기능입니다. 우리 몸이 건강하게 유지되려면, 다양한 신호에 대응하는 시스템이 필요합니다. 그 시스템 역할을 하는 것이 바로 수용체입니다. 따라서 효소나 수용체의 역할을 담당하는 단백질에 이상이 생기면 심각한 질환으로 발전하게 됩니다.

우리는 살아가는 동안 여러 가지 질병에 걸리게 됩니다. 질병은 유전적인 요소에 의해 일어나기도 하고, 환경적 요소에 의해 일어나기도 합니다. 질병은 우리 몸의 기능을 담당하고 있는 여러 시스템에 문제가 생겼다는 것을 의미하기도 합니다. 유전자 차원에서 문제가 발생하기도 하고 단백질 차원에서 이상이 생기기도 합니다. 이때 이상이 생긴 시스템을 다시 정상적인 상태로 되돌릴 수만 있다면, 이것을 통해 질환을 치료할 수 있을 것입니다. 이것이 신약 개발에 가장 기본적인 원리이며 전략입니다. 즉 문제가 생긴 시스템을 의약품을 통하여 정상상태 또는 정상상태와 유사한 상태로 복귀시키는 것입니다.

위에서 언급했듯이, 단백질은 우리의 각종 신체 기능을 유지하는 데 중요한 역할을 합니다. 따라서 신약 개발의 주요 전략은 단백질의 기능에 맞추어져 있습니다. 단백질의 기능, 특히 질환과 단백질 간의 상관관계를 이해하는 것을 중요시합니다. 이때 선행되어야 하는 것은 단백질의 기능을 어떻게 조절하여 정상상태로 되돌리는지를 이해하는 것입니다.

세포막은 세포의 안과 밖을 가로지르는 막입니다. 세포막의 표면에는 세포 밖의 여러가지 변화를 신호로 전달받을 수 있는 수용체가 있습니다. 수용체를 통하여 세포 외부와 내부가 정보를 주고받는 것입니다. 또한 세포막에는 우리의 몸을 정상적으로 유지하기 위하여 필요한 다양한 염들(나트륨, 칼륨, 칼슘, 염화물 등)이 들락날락하며 농도를 유지하는데 이러한 염들의 통로 역할을 하는 것이 이온채널(Ion channel)입니다. 이온채널의 기능에 이상이 생기면 또한 질병으로 발전됩니다.

지금까지 단백질의 중요성을 살펴보았습니다. 신약 개발에서 중요한 전략 중의 하나는 효소, 수용체, 이온채널 등 단백질의 기능을 어떻게 정상상태로 회복시킬 수 있는가입니다. 필요에 따라 효소, 수용체, 이온채널의 기능을 활성화시키거나 저해할 수 있어야 합니다.

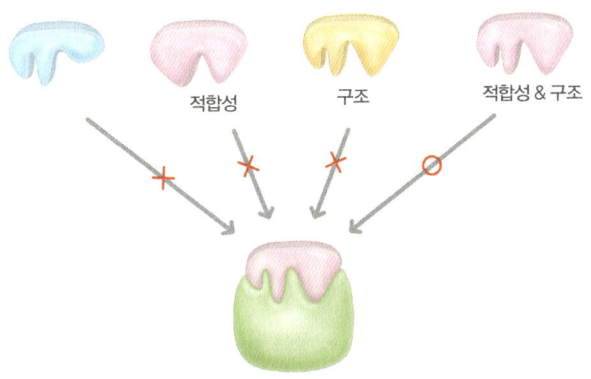

신약이 되기 위한 물질이 되려면, 몸속의 특정 단백질의 구조에 맞는 특성을 지니고 있어야 한다.

신약을 찾기 위한 전략들

신약을 개발하는 초기 과정을 잠깐 살펴보도록 하겠습니다. 우리의 생체 기능에 관여하고 이것에 이상이 생기면 질환으로 발전하는 단백질이 하나 있다고 가정합시다. 우리는 우선 이 단백질과 결합해서 단백질의 기능에 영향(활성화이든 저해이든)을 주는 물질을 찾아야 합니다. 이때 우리는 단백질과 최소한 결합을 하는 기능을 가진 화합물을 '유효물질(Hits)'이라고 부릅니다.

여기서 어떤 화합물이 단백질과 결합하느냐에 대하여 살펴볼 필요가 있습니다. 아무 화합물이나 단백질과 결합하지 않습니다. 화합물이 단백질과 결합하기 위해서는 화합물은 특정한 구조와 성질을 가지고 있어야 합니다. 이때 화합물과 단백질 간의 결합 상황을 자물쇠와 열쇠의 관계로 비유할 수 있습니다. 아무 열쇠나 자물쇠를 열 수 없고 맞는 열쇠만이 자물쇠를 열 수 있는 것과 유사한 상황입니다. 이러한 상관관계를 100여 년 전에 에밀 피셔(Emil Fisher)와 폴 에를리히는 '자물쇠와 열쇠의 원리

(Lock and Key principle)'로 설명하였습니다.

  이렇게 확보된 유효물질이 효과적인 물질인지 아닌지 밝혀지기까지는 아직 갈 길이 멉니다. 아직은 대상이 되는 단백질과 결합한다는 사실을 확인한 것뿐입니다. 이렇게 얻어진 유효물질을 다양하게 변형시키는 단계가 필요합니다. 결합력을 향상시켜야 하며 단백질과의 결합이 실제로 약효로 표현되는지를 확인하여야 하고, 좋은 약이 되기 위하여 안전한지, 우리가 쉽게 투여할 수 있는지에 대해 검증을 거쳐야 합니다. 이러한 과정을 최적화 단계(Optimization process)라고 합니다. 이 단계를 성공적으로 마친 물질을 '후보물질(Candidates)'이라고 하며, 비로소 다음 단계인 개발 단계로 진입할 수 있게 됩니다.

  그러면 다시 처음으로 돌아가, 어떤 방법으로 유효물질을 찾을 수 있을까요? 어떤 전략을 통하여 유효물질을 확보할 수 있는지는 우리가 대상이 되는 단백질에 대해 얼마나 많은 정보를 갖고 있느냐에 따라 결정됩니다.

  우선 하나의 상황을 설정해보겠습니다. 우리 손에는 열고 싶은 자물쇠가 하나 있습니다. 그런데 주위가 너무 어두워서 자물쇠의 구멍을 볼 수 없는 상황입니다. 만약 자물쇠의 구멍을 볼 수 있는 상황이라면 그나마 구멍을 살펴봄으로써 대강 어떠한 열쇠가 필요한지를 알 수 있을지도 모릅니다. 이때 우리는 자물쇠를 단백질로, 열쇠를 단백질과 결합하는 물질로 대비시킬 수 있습니다. 단백질의 구조 및 아미노산의 배열 등에 대한 정보가 있는 경우에는 이를 이용하여 물질의 구조를 설계하는 전략을 쓸 수 있습니다. 우리는 이러한 전략을 '구조기반설계 기술(Structure Based Drug Design)'이라고 부릅니다. 이러한 경우 분자설계 기술 등 다양한 이론적 전략을 사용할 수 있습니다. 단백질의 결정구조는 X-선을 이용하여 얻을 수 있습니다. 우리나라에는 포항에 가속기가 있어서 이를 많이 활용하고 있습니다. 단백질의 결정을 얻지 못하는 경우에는 컴퓨터 모델링을 이용하여 이론적으로 단백질의 정보를 얻을 수가 있습니다. 이러한 이론적 방법을 인실리코(*in silico*) 방법이라고 합니다.

그러나 대개 연구의 초기에는 단백질에 대하여 모르는 경우가 대부분입니다. 캄캄한 상황에서 자물쇠를 열어야 하는 상황입니다. 이 경우, 비록 매우 과학적이지 않아 보이지만 가장 현명한 방법은 가지고 있는 열쇠들을 하나씩 다 집어넣어 보는 방법입니다.

이러한 전략은 얼마나 다양한 열쇠를 미리 확보하고 있느냐에 따라 성공할 확률이 달라집니다. 다행히도 최근의 기술 발전으로 매우 빨리 자물쇠를 열쇠로 열어볼 수 있는 방법이 개발되었습니다. 초고속 스크리닝(High Throughput Screening, HTS) 방법이 그것입니다. 단백질과 결합하는 물질을 굉장히 빠른 속도로 찾아낼 수 있습니다. 따라서 문제는 얼마나 다양한 화합물을 미리 가지고 있느냐에 있습니다.

여기서 질문을 하나 던져보겠습니다. 우선 우리가 살고 있는 지구 상의 모래알 수는 몇 개일까요? 2000년 전 그리스의 수학자 아르키메데스는 8×10^{63}개의 모래알이라고 예측하였는데 현대 기술로 예측해보아도 대강 그렇다고 합니다. 10^{63}개는 어마어마한 수로 그냥 무한히 많다고 보아도 되는 숫자입니다. 어떤 과학자가 이론적으로 약이 될 수 있는 화합물의 수를 $10^{40} \sim 10^{60}$개로 예측한 적이 있습니다. 엄청난 수의 화합물이 가능한 것입니다. 이렇게 다양한 화합물이 존재할 수 있는 이유는 유기화합물이 조합이라는 현상으로 기하급수적으로 생성될 수 있는 속성을 가지고 있기 때문입니다.

자, 이러한 상황에서 어떠한 전략으로 다양한 화합물을 미리 확보할

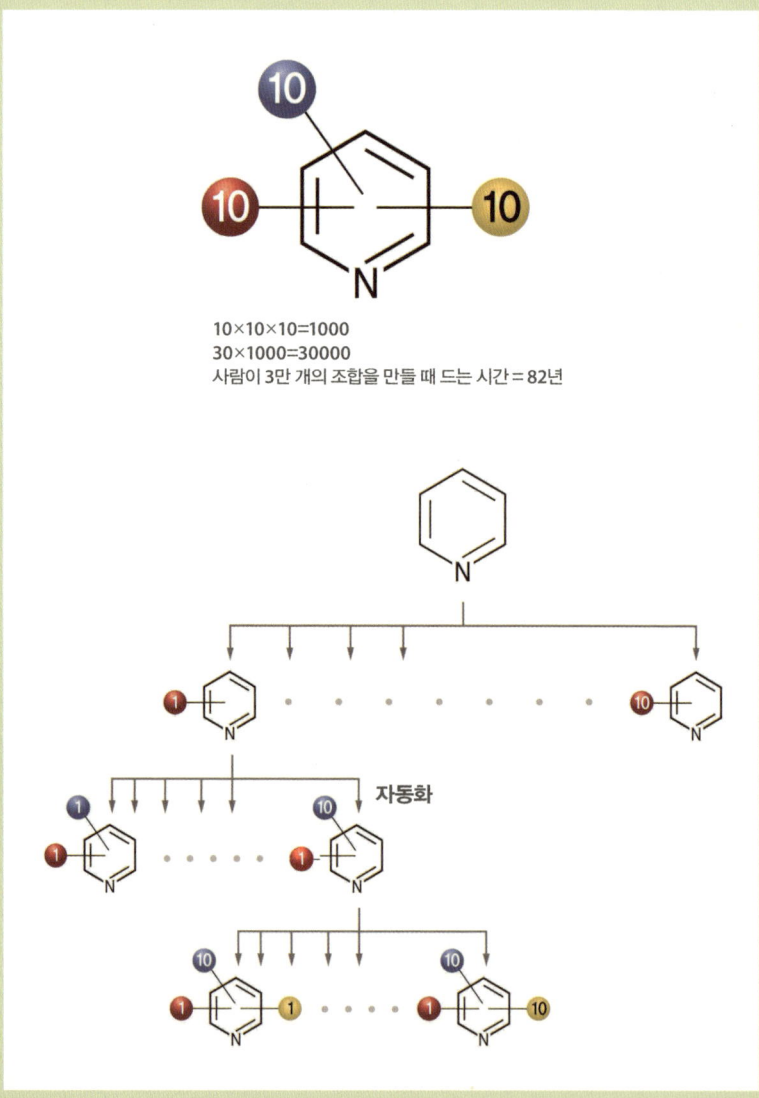

화합물을 합성할 때, 피리딘의 경우 하루에 하나씩 만든다고 해도 82년이 걸리지만, 조합화학 기술을 이용하면 효율적으로 화합물을 만들어낼 수 있다.

수 있을까요?

　기존처럼 한 번에 하나의 화합물을 합성하는 합성 전략으로는 많은 수의 관련 화합물을 합성하는 데에 한계가 있습니다. 예를 하나 들어볼까요? 피리딘 구조를 보면, 피리딘의 세 위치에서 10개의 치환기로 바꿀 수 있을 때 3만 개의 유도체가 가능합니다. 하루에 한 개씩 만든다고 해도 82년이 걸립니다. 현실적으로 불가능하거나 매우 비현실적입니다. 그래서 이러한 문제를 해결하기 위해 발전된 합성방법론이 '조합화학(Combinatorial chemistry)'입니다. 이러한 전략을 용이하게 할 수 있는 '고체상 유기합성 기술'도 발전하게 되었고, 더군다나 로봇 기술과의 접목을 통하여 아주 효율적으로 화합물을 만들어낼 수 있는 자동화 기술도 같이 발전하게 되었습니다.

　이렇게 얻어진 유효물질은 약이 되기 위한 1차적 검증단계를 거쳐 선도물질로 발전하게 됩니다. 확인된 선도물질을 대상으로 본격적인 최적화 연구가 진행된 후 비로소 개발이 가능하다고 판단되는 개발후보물질이 탄생하게 됩니다. 그러면 최적화 과정은 어떻게 진행될까요? 선도물질의 화학구조를 중심으로 다양한 관련 유도체를 설계하고 합성합니다. 가능한 유도체의 수도 굉장히 많이 존재하기 때문에 매우 체계적이고 전략적인 방법을 통하여 합성할 유도체를 설계합니다.

　어떠한 특정 화합물에서 얻어지는 생물학적 효능은, 그것이 원하는 약효이든 부작용이든 간에, 화합물의 구조와 그 화합물이 가지는 고유한 물리화학적 특성에 의하여 결정됩니다. 즉 화합물의 화학적 특성과 생리학적 특성 간에는 밀접한 상관관계가 있습니다. 만일 이러한 상관관계에 대한 정보를 얻을 수 있다면 이것이 제시하는 방향으로 화합물을 설계하여 훨씬 효율적으로 최적화 화합물에 접근할 수 있을 것입니다. 이론화

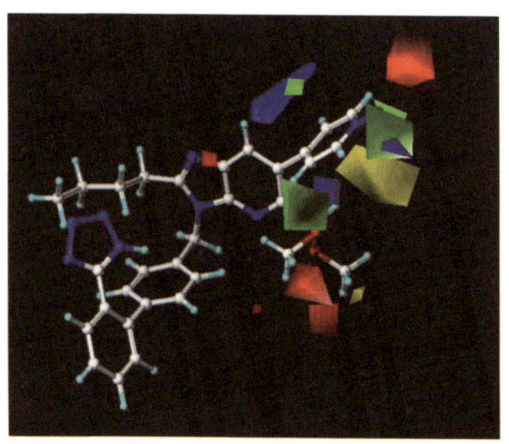

특정 화합물에서 얻어지는 생물학적 효능은 화합물의 구조와 그 화합물이 가지는 고유한 물리화학적 특성에 의하여 결정된다.

학에 근거하여 발전한 '분자설계' 분야에서 이런 연구를 합니다. 위의 그림은 약효를 증가시키기 위하여 분자의 어느 위치에 어떠한 성질의 관능기를 붙이는 것이 좋은지 보여주는 예입니다.

신약이 되기 위한 필요조건

유용한 의약품이 되려면 의약품은 최소한 세 가지 요소를 만족해야 합니다. 새로운 의약품을 성공적으로 개발하는 것은 마치 철인3종 경기에서 우승을 하는 것으로 비유할 수 있습니다. 철인3종 경기에서 우승을 하려면 어떻게 해야 할까요? 달리기도 잘하고, 수영도 잘하고, 사이클도 잘 타야 합니다. 3가지 경기를 종합적으로 잘하는 선수가 우승합니다. 달리기만을 잘한다고 우승하는 것이 아닙니다. 성공적인 의약품이 되려면 이와 마찬가지로 최소한 3가지의 기능을 만족해야 합니다.

우선 약리효능이 당연히 우수해야 합니다. 안전해서 사람에게 독성이

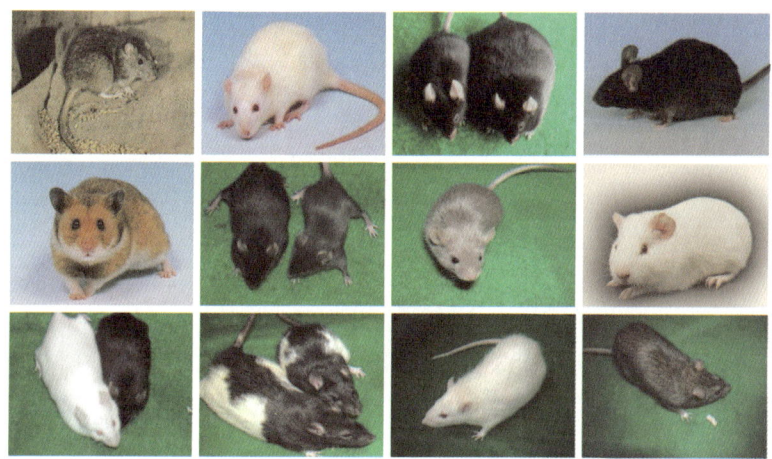

신약개발에서 약리 활성을 확인하기 위하여 흔히 사용되는 다양한 질환동물모델

없어야 합니다. 그리고 투여방법, 지속성 등 약동력학 성질이 적절해야 합니다. 즉 3가지 요소는 효능, 안전성, 약동력학적 성질입니다. 신약 개발 연구에서는 이러한 3요소를 충분히 만족하는 화합물을 개발해야 합니다. 신약 개발이 어렵고 많은 노력이 필요한 이유는 이 3요소를 모두 만족시켜야 하기 때문입니다.

그러면 약효가 있다는 것을 어떻게 확인할 수 있을까요? 우선은 단백질 차원에서, 그 다음에는 세포 차원에서, 그리고 궁극적으로는 살아 있는 실험동물에서 약효를 검증해야 합니다. 각 단계에서 다양한 기술과 방법이 이용됩니다. 약효를 검증하는 가장 중요한 단계는 적절한 실험동물에서 약효를 검증하는 것입니다. 역사적으로 적절한 모델동물을 개발하기 위해 많은 연구가 이루어졌으며, 현재 당뇨, 비만, 허혈, 류머티스관절염, 골다공증 등 연구에 활용될 수 있는 다양한 모델동물이 확보되어 있습니다. 그러나 피할 수 없는 문제점은 아무리 같은 동물이라도 인간과

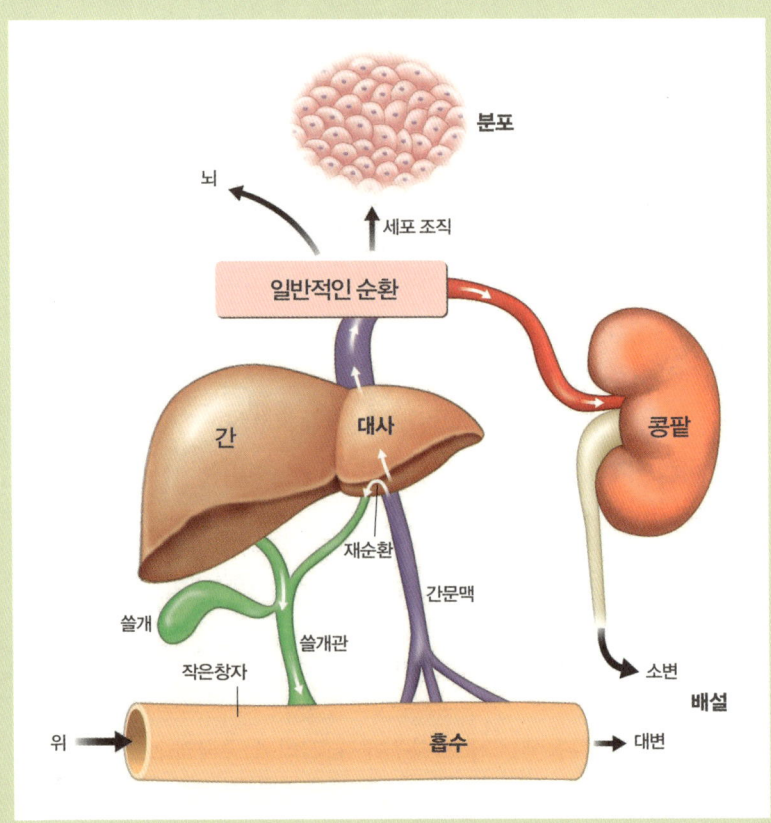

시중에 판매되는 약물이 되려면, 흡수, 분포, 대사, 배설 등에서 모두 기준을 통과해야 한다.

실험동물 간에 여러 차이점이 있다는 것입니다. 동물에 나타난 결과가 인간에 그대로 적용되지는 않을 것입니다. 이 근본적인 문제는 앞으로 우리가 해결하여야 할 중요한 과제입니다.

또한 최근에는 신약 연구에 Micro CT나 MRI와 같은 영상 기술을 많이 활용합니다. 기능적자기공명영상(fMRI)을 이용하여 어느 특정 부위에 자극을 줌으로써 뇌에 어떤 현상이 일어나는지 확인하기도 하고, 양성자자기공명분광법(Magnetic resonance spectroscopy, MRS)을 이용해 생체 내에 존재하는 여러 생물질의 존재를 확인하기도 합니다.

그 다음, 안전성 문제입니다. 아무리 약효가 우수하다고 하여도 독성이 있으면 약으로 사용되기가 어렵습니다. 그런데 우리가 고려해야 할 독성의 종류는 아주 많습니다. 한 번에 많은 양을 먹었을 때 나타나는 독성(급성독성), 여러 번 먹었을 때 나타나는 독성(아급성독성), 그리고 장기적으로 먹었을 때 나타나는 독성(만성독성)이 대표적 독성입니다. 암을 유발하지는 않는지(변이원성), 약을 먹는 사람에게는 괜찮은데 자식 세대에 독성이 나타나는지(유전독성), 면역 계통에 영향을 주는지 등 여러 가지 독성을 검증해야만 합니다.

약효가 있고 안전하다고 해도 아직 충분하지 않습니다. 약동력학 성질도 만족스러워야 합니다. 우선 투여 방법입니다. 경구, 즉 먹어서 투여가 가능한지, 주사제로 가능한지 등을 확인해야 합니다. 그 다음은 약효 지속성의 문제입니다. 하루에 여러 번 먹어야 하는지, 한 번으로 충분한지를 확인해야 합니다. 예를 들어 별로 자각 증상이 없지만 방치하는 경우 치명적인 질환으로 발전할 수 있는 고혈압의 경우, 고혈압치료제를 하루에 여러 번 복용하라고 하면 불편해서 정기적인 투여를 따르지 않는 사람이 많아질 수 있습니다. 따라서 환자의 편의성은 성공적인 의약품이 되기 위해 매우 중요한 요소가 되기도 합니다. 또한 다른 약과 함께 먹어도 괜찮은지도 확인해야 합니다. 참으로 많은 것들을 확인해야 한다는 것을 알 수 있겠지요?

혈압강하 효과가 아주 좋은 약이 있다고 합시다. 그런데 경구로 흡수가 안 되어 주사로 투여해야 한다면 고혈압약으로 성공할 수 있을까요? 경구로 투여가 가능하다고 해도 하루에 여러 번 먹어야 되는 고혈압약이 있다면 과연 성공할까요? 이와 같이 약이 흡수되는 것부터 몸 밖으로 배설될 때까지의 약의 운명을 연구하는 것이 약동력학(Pharmacokinetics) 연구입니다.

마지막으로 신약 개발 과정에서 일어나는 중요한 일 중의 하나는 약의 작용원리를 규명하는 것입니다. 어떤 원리로 약효가 발휘되는지, 이 물질과 결합하는 단백질이 있는지, 유전자와 관련은 있는지 등을 밝히는 것입니다.

지금까지 살펴본 바와 같이 유용한 의약품을 개발하는 과정에는 여러 분야에서의 복합적인 연구가 진행될 필요가 있습니다. 새로운 의약품 개발이 효율적으로 진행되기 위해서는 이들 연구 분야 간에 유기적이고 복합적인 연구가 진행되어야 하고 이를 체계적으로 관리하는 시스템도 필요합니다. 무엇보다도 연구자들의 헌신적인 노력이 필요합니다.

100년 전 최초로 합성신약인 살발산 606을 개발한 폴 에를리히는 마법의 탄환, 즉 새로운 의약품을 만들기 위해서는 네 가지의 요소가 필요하다고 했습니다. 그 네 가지는 행운, 끈기, 기술, 연구비였습니다. 이중에서 아마도 가장 중요한 것은 연구자의 끈기와 헌신적인 노력일 것입니다. 이것은 오로지 과학자의 몫입니다. 연구자는 최선을 다한 후에 행운을 기대하면 됩니다.

DNA는 과학수사에 어떻게 이용되는가

이승환 대검찰청 법과학연구소 소장

서울대학교에서 분자생물학을 전공했으며, 서울대학교 대학원에서 분자유전학으로 이학박사 학위를 받았다. 1991년부터 현재까지 대검찰청에서 DNA 감식 업무를 총괄하고 있다. 1992년에는 미국 FBI 법과학연구소에서 방문과학자로 연구한 바 있으며, 2007년부터 3년간 서울시립대 생명과학과 겸임교수를 역임하였다. 20여 년의 DNA 과학수사 경력으로 법유전학에 조예가 깊으며, 특히 국내 범죄자 DNA 데이터베이스 정착에 크게 기여해오고 있다. 수사 실무에 적용 가능한 차세대 DNA 감식 기술에 관심을 가지고 연구 중이다. 법무부장관 표창(1993년)을 받았고, 신지식 공무원(2001년)으로 선정됐다. 저서로는 『유전자 감식』(공저)이 있다.

살인 사건이 일어났습니다. 만일 목격자가 있다면 사건이 쉽게 풀릴 수 있을지도 모릅니다. 그런데 대부분의 사건에서는 목격자가 없습니다. 목격자가 있다 해도 때로는 잘못된 기억이나 사전 음모로 엉뚱한 사람을 범인으로 몰아넣는 경우도 있습니다.

목격자가 없는 사건에서, 그 사건이 일어난 상황을 정확하게 알고 있는 물질은 따로 있습니다. 바로 DNA입니다. DNA가 "나는 네가 한 일을 알고 있다"라고 말하고 있는 것입니다.

미국 드라마 〈CSI : 라스베이거스〉를 보면, DNA 감식이 굉장히 많이 나옵니다. 과학수사에는 여러 가지 종류가 있지만, DNA가 정확하게 범인을 잡는 데 큰 도움을 주기 때문입니다.

과학수사에 DNA는 어떻게 도움이 될까?

과학수사가 발달한 국가 중에는 영국이 있습니다. 영국은 1년에 의뢰되는 증거물 시료 중에서 3분의 2 정도가 DNA 감식 대상 시료라고 합니다. 그만큼 DNA는 영향력이 큽니다.

DNA를 분석해낼 수 있는 시료들의 종류는 굉장히 다양합니다. 사람 몸에 있는 세포가 포함된 시료에서는 모두 DNA 분석을 할 수가 있습니다. 굉장히 적은 양의 시료로도 DNA를 추출할 수 있고, 그것으로부터 범인을 가려낼 수 있습니다.

DNA 시료를 얻을 수 있는 곳

유전자 유래 부위	주요 사례
손	자동차 팔 거치대, 야구 모자, 초콜릿바 손잡이 부분, 라이터, 담배 종이, 동전, 주사기 외면, 비닐 장갑 안쪽, 열쇠, 칼 손잡이, 종이, 자동차 원격시동기, 로프, 운전대 등
입, 코	사과 씹다만 부위, 문 자국, 케이크 문 자국, 치킨 문 자국, 담배꽁초, 편지봉투, 껌, 햄, 립스틱, 빨대, 이쑤시개, 토물 등
전신	묻힌 시체, 타다 만 시체, 머리털, 빗, 면도기, 양말 등
성 관련	세척이 끝난 청바지, 내의 안쪽 등
눈	콘텍트렌즈, 안경(코 접촉 부위), 눈물 등

실제 사건을 예로 들어보겠습니다. O. J. 심슨이라는 미식축구 선수가 있습니다. 이 선수는 자기 전처를 죽였다는 혐의를 받은 유력한 용의자였습니다. 심슨은 사건 현장에 DNA 증거를 흘려서 범인으로 지목되었습니다. 결국에는 많은 의문점을 남긴 채 무죄로 풀려나긴 했지만 말입니다.

미국의 전 대통령인 빌 클린턴은 여비서 르윈스키와 스캔들을 일으켰습니다. 자신은 절대로 불륜을 저지르지 않았다고 주장했다가 르윈스키의 옷에 묻은 정액이 클린턴의 DNA와 정확히 일치한다는 것이 밝혀져 사과를 한 적이 있습니다.

이 두 사례만 보아도 사회적으로 이목이 집중된 사건에서 DNA가 많이 활용된 것을 볼 수 있습니다.

우리나라에서도 마찬가지입니다. 대표적인 흉악연쇄 살인 사건, 대구 지하철 참사, 대한항공기 괌 추락사고 등에서 여기 저기 흩어져 있는 사체의 신원을 파악하기 위해 DNA 감식이 이용되었습니다. 실종 아동의 부모를 찾는 데에도 DNA 감식이 사용됩니다. 2005년 줄기세포 논문 조작 사건 때에는 줄기세포가 실제로 있느냐 없느냐를 확인하는 데 DNA 감식이 이용되었습니다.

DNA 구조 이해하기

DNA 감식을 이해하려면 생물학을 좀 알아야 합니다. DNA는 당-인산-염기(base)로 이루어진 뉴클레오타이드(Nucleotide)라고 하는 하나의 단위 물질로 이루어져 있습니다. DNA는 뉴클레오타이드가 일렬로 죽 배열되어 있는 고분자 물질입니다.

하나의 뉴클레오타이드를 보면 인산기가 음이온입니다. DNA 분자는 마이너스 전기를 띠고 있습니다. 약 30억 쌍으로 이루어진 DNA 염기는 수소결합에 의해, 아데닌(A)은 티민(T)과 사이토신(C)은 구아닌(G)과 결

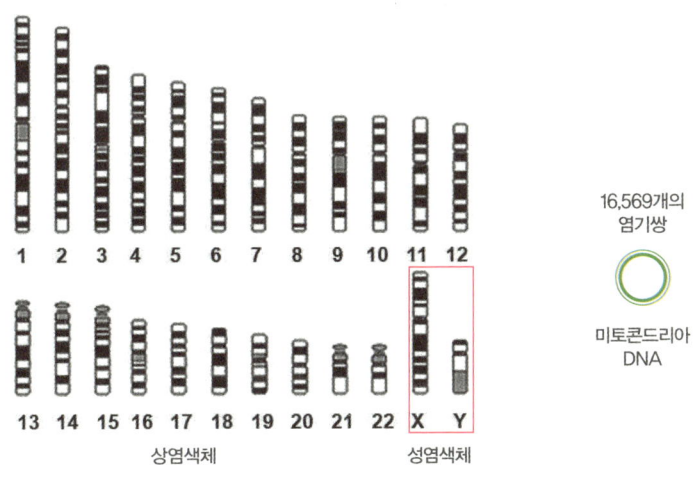

인간게놈프로젝트는 30억 쌍의 DNA 염기서열을 분석했다.

합됩니다. DNA는 늘 두 가닥으로 존재하며, 모양은 이중나선 구조를 띱니다.

그런데 약 30억 개 정도로 이루어진 뉴클레오타이드가 하나로 쭉 연결되어 있는 것이 아니라 22개의 상염색체와 1개의 성염색체에 나뉘어 있습니다. 성염색체로는 남자는 X와 Y염색체, 여자는 2개의 X염색체를 가지고 있습니다. Y염색체는 남자밖에 가지고 있지 않습니다.

DNA는 염색체라는 형태로 세포의 핵 속에 존재하지만 일정부분 세포질에 존재하는 DNA도 있습니다. 미토콘드리아(Mitochondria)라고 하는 세포 내 기관에도 작은 원형의 DNA가 존재합니다.

성염색체가 아닌 상염색체(autosome)는 1번부터 22번까지 있는데, 정자와 난자를 제외하고는 모든 세포에 번호가 같은 염색체들이 두 개씩 존재합니다. 왜 그런 것일까요? 하나는 아버지에게서, 다른 하나는 어머니에게서 받은 것입니다. 우리의 DNA는 그대로 자식에게 전달되는 것이 아니라 감수분열을 통해 생식세포에서는 1번부터 22번까지 하나씩만 들어가도록 되어 있습니다. 그래서 우리의 유전체 크기는 아무리 세대가 거듭되어도 일정하게 유지되는 것입니다.

이런 복잡한 DNA를 어떻게 하면 알기 쉽게 나타낼 수 있을까요? 아시다시피, DNA는 당-인산-염기의 단위로 이루어진 뉴클레오타이드로 되어 있는데, 당과 인산은 모든 뉴클레오타이드에서 똑같은 반면 염기의 종류는 달라집니다. 그래서 DNA는 간단하게 염기의 서열만 표기합니다. DNA의 길이도 나열된 염기(base)의 개수로 표시하여 bp(base pair)라는 단위를 사용합니다.

과학수사에 DNA는 어떻게 이용되는가?

일란성 쌍둥이를 제외하고, DNA의 염기가 처음부터 끝까지 같은 사람은 한 명도 없습니다. 일란성 쌍둥이는 처음에 하나였던 세포가 세포분열을 하다가 둘로 갈라졌기 때문에 염기서열이 같습니다.

개개 인간의 유전체는 이렇게 전부 다르지만, 그렇다고 많이 다르지도 않습니다. 개인별로 서로 다른 부분은 전체 DNA 중 고작 0.1% 정도라고 알려져 있습니다. 이 작은 차이로 인해 알베르트 아인슈타인도 될 수 있고, 데이비드 베컴도 될 수 있는 겁니다. 우리는 이 작은 차이를 구별해 줘야 합니다. 인간과 침팬지의 염기서열을 조사해보면 2~3%의 차이밖에 나지 않습니다. 이 작은 차이가 우리를 침팬지와 구별짓는 것입니다.

그러면 차이는 어떤 형태로 존재할까요? 개인별 DNA의 특징을 나타내는 DNA의 다형성은 크게 두 가지가 있습니다. 하나는 단일염기 다형성이고, 다른 하나는 길이 다형성입니다.

```
(A) 단일염기 다형성
    SNP(Single Nucleotide Polymorphism)

------AGACTAGACATT-----
------AGATTAGGCATT-----


(B) 길이 다형성
    STR(Short Tandem Repeat)
-------------(AATG)(AATG)(AATG)------------
                  3번 반복

-------------(AATG)(AATG)------------
                  2번 반복
```

DNA 다형성은 크게 두 가지, 단일염기 다형성과 길이 다형성이 있다.

단일염기 다형성(Single Nucleotide Polymorphism, SNP)은 여러 DNA 염기들 중 하나에 나타나는 염기의 변이를 말합니다. 어떤 사람은 AGACTAAG…인데, 다른 사람은 AGATTAAG…인 것입니다. 뒤에 나온 사람의 네 번째 염기가 C에서 T로 바뀌었습니다. 대개 500~1000염기당 1개꼴로 SNP가 나타난다고 합니다.

길이 다형성(Length Polymorphism)은 Short Tandem Repeat(STR)라고 부르는 DNA 부위에서 흔히 나타나는 것으로 DNA 염기서열에서 반복되는 염기서열의 횟수가 다른 것을 의미합니다. 예를 들어 일정한 STR 염기서열 단위가 어떤 사람은 3번 반복되지만, 어떤 사람은 2번 반복되는 등 개인마다 서로 길이가 다른 부분이 존재하게 됩니다. 이러한 길이 다형성을 지닌 STR은 전체 DNA 중 주로 아무런 유전정보를 지니지 않는 부분에 존재합니다. 어찌 보면 쓸모없는 부분이지만 DNA 감식에서는 바로 이 부분을 분석하므로 굉장히 중요한 부분입니다.

현재까지 밝혀진 바로는, 생명현상에 관한 정보가 포함된 부분(단백질 합성에 관여하는 부분)은 전체 DNA 중 2~3%에 지나지 않으며, 나머지 97~98% 부분은 기능을 알 수 없는 '정크 DNA(junk DNA, 비코딩 영역)'인 것으로 나타났습니다.

흥미롭게도 단백질을 만드는 유전정보는 2~3%의 코딩 영역에 담겨 있지만, 개인을 식별할 수 있는 정보는 비코딩 영역에 담겨 있습니다. 이 비코딩 영역은 사람마다 서로 달라서 누가 누구인지 가려낼 수 있는 부분입니다. 법과학에서는 특히 일정한 염기가 반복적으로 배열되어 있는 STR 부분을 개인을 식별하거나 친족을 확인하는 데 이용하고 있습니다.

사실 유전정보를 담고 있는 부분에 변이가 많이 일어나면 이상한 일들이 많이 일어날 겁니다. 기이한 돌연변이 등 어쩌면 인류가 생존하기 어

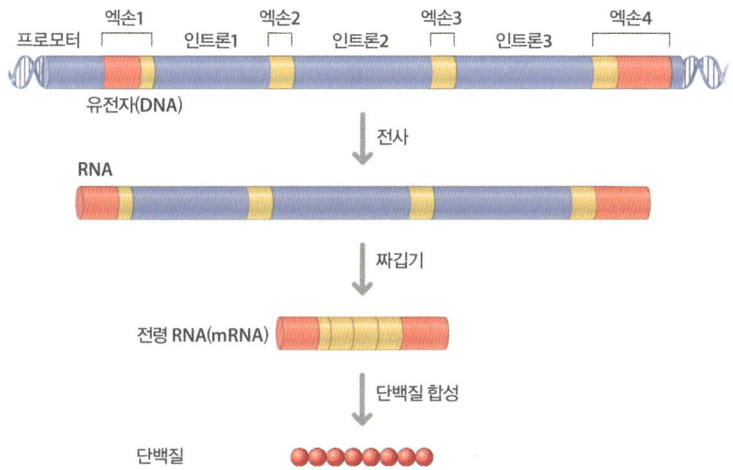

우리 DNA 중 단백질을 만드는 데 관여하는 DNA 부분은 전체 DNA에서 2%에 불과하다.

려울지도 모릅니다. 그래서 주로 STR은 비코딩 영역에 존재한다고 보고 있습니다.

DNA를 감식할 때, DNA 전체를 분석하는 것은 아닙니다. 아주 일부 영역의 STR 부분을 발췌해서 분석합니다. 전체 DNA의 100만 분의 1 정도만으로도 충분합니다. 그러면 어떻게 분석하는 것일까요?

사건수사의 대상이 되는 생물학적 증거물은 보통 그 보존 상태가 매우 나쁘거니와 양도 매우 적어서, 그 안에 존재하는 DNA도 극미량입니다. 그러나 극미량일지라도 분석할 수 있습니다.

뉴클레오타이드 하나의 분자량은 평균 618g/mol입니다. 뉴클레오타이드 수를 30억 개로 계산하면 인간 DNA의 분자량은 1.85×10^{12}g/mol이 되고, 1mol(몰)은 6.02×10^{23}개의 분자 수에 해당하므로 DNA 분자의 무게는 3pg(1pg[피코그램]은 1조 분의 1g)입니다. 세포 하나에는 동일한 염색체가 두 개씩 존재하므로 총 6pg의 DNA가 들어 있습니다. 보통

> ◎ 세포 몇 개면 유전자 감식이 가능할까?
> 1. 뉴클레오타이드 = 618g/mol
>   A = 313g/mol T = 304g/mol   A-T base pairs = 617g/mol
>   G = 329g/mol C = 289g/mol   C-G base pairs = 618g/mol
>
> 2. 그러므로 DNA = 1.85 × 10^{12}g/mol
>   반수체세포 안에는 30억 쌍의 염기가 있다. ~$3 × 10^9$ bp
>   (~$3 × 10^9$ bp) × (618g/mol/bp) = $1.85 × 10^{12}$g/mol
>
> 3. 그러므로 DNA 한 분자의 무게는 = 3pg
>   1 mol = $6.02 × 10^{23}$개 분자
>   ($1.85 × 10^{12}$g/mol) × (1mol/$6.02 × 10^{23}$개)
>   = $3.08 × 10^{-12}$g = 3.08pg
>   그러므로 세포 하나당 6pg의 DNA가 들어 있다.
>
> 4. 1ng의 DNA만 있으면 감식이 가능하다.
>   그렇다면, 167개에 해당한다. (1000pg)/6pg/세포

1나노그램, 즉 약 세포 167개의 DNA만 있으면 DNA 감식이 가능하다.

1ng(1ng[나노그램]은 10억 분의 1g)의 DNA만 있으면 감식이 가능하다고 하므로, 이를 환산하면 세포 167개에 해당합니다. 세포 167개면 사실 눈에 보이지도 않습니다. 지금은 기술이 발달해서 0.1ng만 있어도 DNA 감식을 할 수 있으므로 온전한 세포 17개만 있어도 DNA 감식이 가능하다는 이야기가 됩니다.

DNA 감식의 과정

DNA 감식의 첫 단계는 예비실험입니다. DNA 감식이 될 수 있는 것들로는 사건 현장에 남겨진 혈흔, 정액, 머리카락, 치아, 뼈 등 세포를 포함하는 모든 시료입니다. 그러나 수사관들이 가져오는 사건 증거물들은

실로 다양합니다. 대부분은 옷, 이불 등 현장에 있던 것을 그대로 가져오기 때문에 중요 사건인 경우는 의뢰 감정물을 소형 트럭에 싣고 오기도 합니다. 문제는 이렇게 많은 것 중에서 DNA 감식이 필요한 흔적만을 골라내는 일인데 이를 예비실험이라고 합니다. 눈으로도 보고 자외선을 비추어 흔적을 확인하기도 하며 혈흔을 검출할 수 있는 루미놀처럼 여러 가지 시약처리를 통해 흔적의 종류를 먼저 밝히고 그 부분을 잘라낸 후 거기에서 DNA를 분리하게 됩니다. 예비실험을 얼마나 꼼꼼하게 하느냐에 따라 DNA 감식의 성패가 좌우된다고 할 수 있습니다. 앞서 얘기한 것처럼 분리된 DNA로부터는 전체가 아닌 특정 일부분(STR)만을 분석합니다. 이를 위하여 해당 DNA 부분을 양적으로 증폭해내는 것이 필요합니다. 여기에는 'PCR'이라는 분자생물학 기술이 이용됩니다. 그리고 전기영동을 통해 길이 다형성을 지닌 것을 분리해내서 DNA형을 분석하면 DNA 감식이 끝납니다.

그러면 PCR로 어떤 부분을 증폭시킬까요? DNA 감식에서는 이미 얘기한 것처럼 길이 다형성을 지닌 STR 부분을 증폭하게 됩니다. 아래의 그림과 같은 길이 다형성을 지니는 특정 STR 부분을 증폭시킨다고 해 봅시다. 아래 그림의 STR은 한 사람의 염색체에서 AATG라는 4개의 염기가 반복하여 7번과 8번 반복된 것을 보여줍니다. 왜 동일한 STR이 두

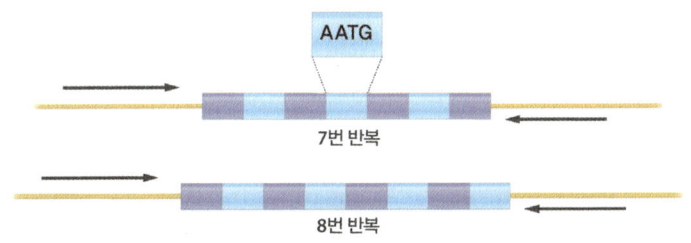

길이 다형성을 지닌 부분을 증폭시키면, DNA의 길이가 달라진다.

개일까요? 이미 얘기한 것처럼 사람은 부모로부터 각각 물려받은 동일한 번호의 염색체를 두 개씩 지니기 때문입니다. 따라서 PCR 증폭 과정을 거치면 길이가 서로 다른 (혹은 길이가 같은) 두 개의 DNA 조각을 얻게 됩니다. 앞 그림에서 생성된 DNA 조각은 길이가 각각 28bp(4bp×7번), 32bp(4bp×8번)가 됩니다.

그런데 DNA 감식에서는 한 부분의 STR만 분석하는 게 아니라, 여러 STR을 동시에 PCR로 증폭하여 분석합니다. 그래야 식별력이 높고 정확한 결과를 얻을 수 있습니다. 이렇게 동시에 여러 STR을 분석하는 것을 멀티플렉스 PCR이라고 합니다. 10개 이상의 STR 부위를 한 번의 PCR로 동시에 증폭하는 것입니다.

이렇게 길이가 서로 다르게 증폭된 DNA 조각은, 전기영동이란 과정을 통해 길이에 따라 분리되어 DNA형을 분석하게 됩니다. 전기영동에 대해 예를 들어 설명해보겠습니다. 김연아, 이봉주, 박지성 중에서 단거리 달리기를 제일 잘하는 선수는 박지성일 겁니다. 그런데 전기영동 안에서는 김연아가 가장 빠릅니다. 전기영동에서는 작고 가벼운 것이 가장 빠르기 때문입니다. DNA도 마찬가지입니다. DNA는 이미 설명한 것처럼 음전하를 지니고 있어서 전기장을 걸어주면 음극에서 양극으로 이동하게 됩니다. 이때 음극과 양극 사이에는 미세한 그물구조를 지닌 화학물질이 존재하여 DNA 조각이 통과하면서 짧은 것은 빠르게, 긴 것은 느리게 양극으로 이동하게 되어 길이별로 분리가 되는 것입니다.

전기영동은 자동화된 전기영동 장치(Genetic analyzer)를 사용하며, 길이에 따라 분리된 DNA 조각으로부터 특정 수치값을 얻게 됩니다. 그 값을 분석 소프트웨어에 넣고 돌리면 유전자형 분석 수치 자료를 얻을 수 있습니다.

Barcode	5000123
SEX	XX
D5S818	11, 11
D13S317	11, 11
D8S1179	13, 13
D21S11	30, 30
D7S820	10, 11
CSF1PO	10, 12

위 표에 대하여 설명을 해보겠습니다. 위 표는 전기영동을 통해 나타난 총 6개의 STR 부분과 성별을 알 수 있는 성별마커 등 총 7개에 대한 분석 결과입니다. D5S818 등은 STR의 종류를 나타내는 이름이고 그 옆의 숫자가 길이에 따라 구분하여 부르는 DNA형입니다. 하나의 STR에는 늘 두 개의 숫자가 표기됩니다. 왜일까요? 사람은 동일번호의 염색체를 두 개씩 가진다고 이미 얘기했죠? 그래서 6개의 STR을 분석하면 12개의 숫자로 이루어진 DNA형을, 15개의 STR을 분석하면 30개의 숫자로 이루어진 DNA형을 얻게 됩니다. 만약 동일한 사람에게서 나온 시료라면 모든 숫자가 다 동일합니다.

DNA 감식 결과는 얼마나 신뢰할 수 있는가?

성폭행 피해자의 속옷에서 범인의 것으로 추정되는 정액흔이 발견되었습니다. 그래서 정액흔의 DNA와 용의자의 DNA를 비교해보았더니 4개의 STR에서 DNA형이 똑같았습니다. 그러면 이 용의자는 범인일까요? 우리는 두 가지로 추론할 수 있습니다.

사건 예
성폭행 피해자의 속옷에서 범인의 것으로 추정되는 정액흔이 발견되었고, 그로부터 검출된 유전자형이 아래 표처럼 용의자 A와 일치하였다.

	D8S1179	D21S11	D7S820	CSF1PO
정액흔	13, 13	29, 31	10, 11	12, 12
용의자 A	13, 13	29, 31	10, 11	12, 12

추론 1. 용의자 A가 실제 범인이어서 정액흔은 용의자 A의 것이다.

추론 2. 용의자 A는 우연히 정액흔의 유전자형과 일치할 뿐 본 사건과는 관련이 없는 사람이다.

우선, 추론 1일 가능성이 굉장히 높지만, 추론 2의 가능성도 완전히 배제할 수 없습니다. 이미 설명한 것처럼 DNA 감식은 DNA 전체를 분석하는 것이 아니라 일부만 분석하므로, 용의자 A는 사건과 관련이 없는데 우연히 DNA형만 똑같을 뿐이라고도 추론할 수 있는 것입니다. 그러면 어떤 방식으로 신뢰도를 가늠할 수 있을까요?

신뢰도를 표시하려면, 우리나라 국민 중 용의자 A와 같은 DNA형을 가진 사람이 얼마인지 알아야 합니다. 그런데 전 국민의 DNA형을 전부 알 수는 없습니다. 그래서 용의자 A와 같은 DNA형의 예측빈도를 계산해서 추정할 수밖에 없습니다. 이때 적용되는 이론이 집단유전학에서 다루는 하디-와인버그 평형이론(Hardy-Weinberg Equilibrium)입니다.

하디-와인버그 평형이론은 약간 어려운 이론이지만, 이해할 수 없는 이론은 아닙니다. 다음 그림으로부터 잠시 살펴보면, 어머니와 아버지가 DNA의 특정부분이 Aa라는 두 개의 대립유전자로 이루어진 DNA형을

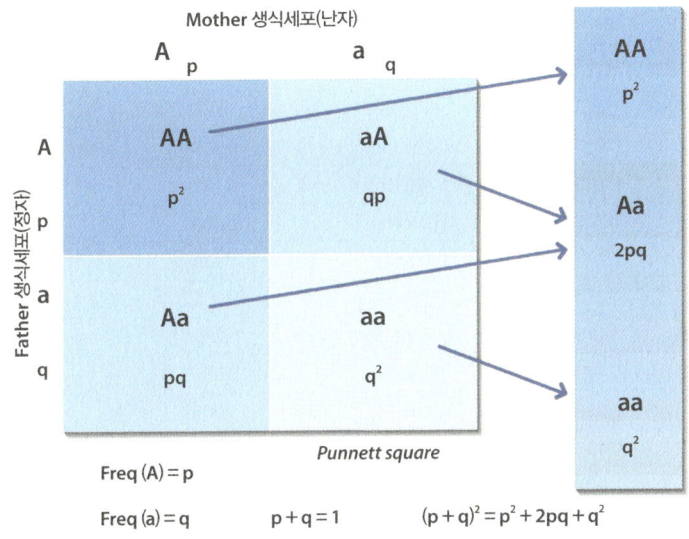

하디 와인버그 평형이론은 유전자 감식의 신뢰성을 높이는 데 활용하는 이론이다.

가졌다면, 자녀는 A 와 a 중 하나의 대립유전자를 각각 물려받습니다. 그러므로 자녀의 DNA형은 AA, aA, Aa, aa 중 하나입니다. A와 a라는 두 개의 대립유전자만 있고 A 대립유전자가 존재하는 빈도를 p, a 대립유전자가 존재하는 빈도를 q라 하면 p와 q를 더한 값은 1입니다. 그러면 AA가 나올 확률은 p^2이고, Aa 혹은 aA가 나올 확률은 2pq이며, aa가 나올 확률은 q^2입니다. 이것을 하디-와인버그 평형이론이라고 합니다.

이 이론을 앞의 사건에 적용해봅시다.

DNA형의 예측 빈도를 계산하려면 해당 STR 부분에 대한 각 대립유전자의 표본 빈도통계가 있어야 합니다. 이 빈도는 인종이나 국가마다 차이가 있으므로, 반드시 한국인 통계가 있어야 합니다. DNA를 이용한 과학수사기관에는 이 빈도 통계를 갖고 있습니다. 문제는 표본으로부터 나온 빈도가 우리나라 전체 집단과 유사하게 일치하느냐의 문제인데 이

대립유전자 빈도

D8S1179		D21S11		D7S820		CSF1PO	
대립유전자	빈도	대립유전자	빈도	대립유전자	빈도	대립유전자	빈도
9	0.0105	28	0.0546	7	0.0030	8	0.0016
10	0.1008	28.2	0.0105	8	0.1524	9	0.0423
11	0.1218	29	0.2206	9	0.0680	10	0.2539
12	0.1408	30	0.3466	10	0.1583	11	0.2273
13	0.2521	30.2	0.0063	11	0.3358	12	0.3934
14	0.1660	31	0.1239	12	0.2500	13	0.0674
15	0.1408	31.2	0.0525	13	0.0266	14	0.0110
16	0.0567	32	0.0252	14	0.0059	15	0.0031
17	0.0084	32.2	0.1029	합계	1.0000	합계	1.0000
18	0.0021	33	0.0063				
합계	1.0000	33.2	0.0483				
		34.2	0.0021				
		합계	1.0000				

용의자 A의 유전자형에 대한 예측 유전자형 빈도

> 용의자 A의 유전자형에 대한 예측 유전자형 빈도를 계산해보면
>
> D8S1179 : 13, 13 동형접합 유전자형이므로 p^2 식을 적용하여
> 0.2521×0.2521=0.0636
> D21S11 : 29, 31 이형접합 유전자형이므로 2pq 식을 적용하여
> 2×0.2206×0.1239=0.0547
> D7S820 : 10, 11 이형접합 유전자형이므로 2pq 식을 적용하여
> 2×0.1583×0.3358=0.1063
> CSF1PO : 12, 12 동형접합 유전자형이므로 q^2 식을 적용하여
> 0.3934×0.3934=0.1548

는 복잡한 통계학적 검증을 거치므로 여기서는 설명을 생략하겠습니다. 위의 대립유전자 빈도표는 이러한 통계적 검증을 거쳐 우리나라 전체 집단과 크게 다르지 않다는 것이 입증된 통계자료입니다.

대립유전자 빈도를 근거로, 하디-와인버그 평형이론에 따라 용의자 A의 DNA형 예측빈도를 계산해보면 왼쪽 표의 아래쪽과 같은 결과를 얻습니다. 즉 DNA형 예측빈도는 D8S1179는 0.0636, D21S11은 0.0547, D7S820은 0.1063, CSF1PO는 0.1548입니다. 종합적인 우연일치확률(random match probability)은 분석된 모든 STR의 DNA형 예측빈도를 곱하는 것만으로 간단히 계산됩니다. 이 사건의 예에서 용의자 A의 우연일치확률은 0.000057로 계산됩니다.

이것은 용의자 A와 같은 유전자형을 지니는 사람은 한국인 중에서 0.000057 정도의 빈도로 존재한다는 것을 의미하는 것입니다. 바꿔 말하면 1만 7468명당 1명꼴로 존재한다는 의미입니다. 실제로 유전자 감식에서는 10개 이상의 STR에 대한 분석을 실시하므로, 계산되는 우연일치확률은 보통 수천 억 분의 1 이하로 나타납니다. 한 15개 이상의 STR에 대한 분석을 하게 되면, 0에 수렴할 만큼 작은 수치로 나타납니다. 이것은 이 사람 이외에 똑같은 사람은 우리나라에 없다는 것과 다름없습니다. 따라서 정액흔은 바로 용의자 A의 것이라고 확실히 얘기할 수 있는 것입니다.

범죄자 DNA 데이터베이스

화성 연쇄살인사건을 비롯하여, 우리에게는 기억하고 싶지 않은 사건들이 많습니다. 흉악한 범죄자를 빠른 시일 안에 검거하기 위해서는 범죄자 DNA 데이터베이스가 필요합니다. 범죄자 DNA 데이터베이스는 살인이나 성폭행 등 범죄를 저지른 사람의 DNA 정보를 미리 확보해서 데이터베이스로 만들어두었다가, 용의자가 없는 미궁의 사건에서 현장에서 검출된 범인의 DNA 정보와 비교해서 신속히 범인을 특정할 수 있는 제도입니다.

연쇄성폭행범을 속칭 '발바리'로 표현합니다. 이 용어의 원조격인 대전 발바리라는 범인은 1990년대 중반부터 10여 년간 120명이 넘는 여자를 성폭행했습니다. 안타까운 것은 70여 건의 사건에서 범인의 DNA형이 검출되었고 모두 같았기 때문에 동일범의 소행인 것은 알았지만 용의자가 없어 잡지 못했습니다. 만일 당시에 범죄자 DNA 데이터베이스가 있었고, 범인의 DNA 정보가 이미 데이터베이스에 들어 있었다면 어떻게 되었을까요? DNA가 검출된 첫 번째 사건에서 범인은 잡혔을 것이고 이후 100명이 넘는 피해자는 생기지 않았을 것입니다. 대단하지 않습니까?

1995년에 세계 최초로 시작한 영국을 필두로 세계 70여 개 국가에서 범죄자 DNA 데이터베이스를 구축하였습니다. 인구가 많은 미국이나 중국의 경우는 1000만 명 이상의 범죄자 DNA 정보가 입력되어 있으며, 인구가 6000만 명 정도인 영국의 경우에는 500만 명 이상이 입력되어 인구 비율로는 제일 많이 입력된 나라입니다. 수많은 사건들을 데이터베이스를 통해 해결하고 있습니다.

일례로 1988년 영국에서는 9살~11살 된 소녀들을 상대로 한 연쇄강간 사건이 벌어졌습니다. 이 사건은 10여 년 이상 미제로 남아 있다가, 2001년에 그 범인이 붙잡혔습니다. 어떤 남자가 10파운드 상당의 식료품을 훔치다가 붙잡혔는데, 이 남자의 DNA를 데이터베이스에 입력했더니 강간 미제 사건의 범죄자 DNA 정보와 일치한다는 사실이 발견되었던 것입니다.

비슷한 사건이 또 있습니다. 1996년 12월 어느 여인이 송년파티 후에 실종되었으며, 1997년 1월 사체로 발견되었습니다. 그 사체에는 정액이

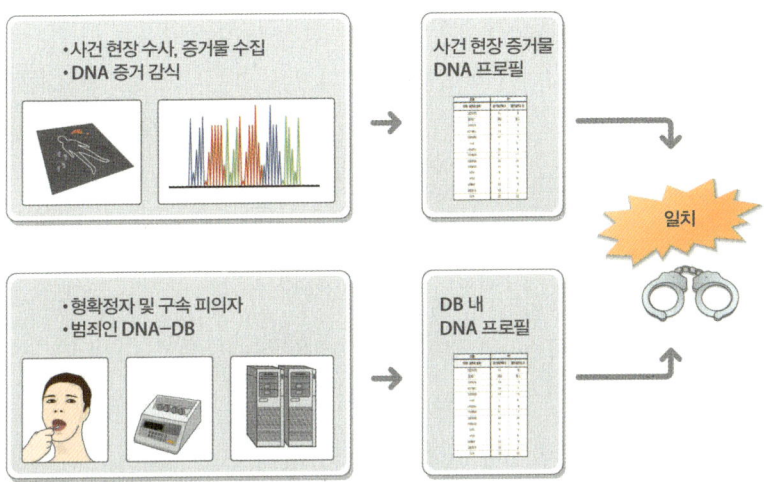

용의자가 없는 미궁의 사건에서 현장에서 검출된 DNA와 비교할 수 있는 범죄자 DNA 데이터베이스가 있다면, 보다 신속하게 범인을 특정할 수 있다.

묻어 있었습니다. 당시에는 범인을 찾지 못했습니다. 그러나 2003년 사소한 일로 난동을 부리던 남자가 체포되었는데 그 사람의 DNA가 1996년 사건의 범죄자 DNA와 일치한다는 것이 밝혀졌습니다.

우리나라는 많은 논란 끝에 2010년에 관련 법률이 제정되면서 범죄자 DNA 데이터베이스 구축이 시작되었습니다. 다른 나라보다 늦었지요. 그렇지만 그 위력은 실로 대단해서 현재도 풀리지 않았던 많은 사건들의 범인을 데이터베이스 검색으로 잡아내고 있습니다.

DNA가 범인을 잡는 데에만 이용되는 것은 아닙니다. 무고한 사람을 풀어주는 역할도 하고 있습니다. 미국에서는 사형수 등 장기복역 중인 재소자가 자신이 무고하다고 탄원하는 경우에, 당시 남겨진 증거물에 대해 DNA 분석을 다시 실시합니다. 이들 대부분은 DNA 분석이 본격적으로 사용되기 시작한 1990년대 초반 이전에 수감된 자들입니다. DNA 분석 결과, 현장 증거물이 그 사람의 것이 아니라고 판명되면 석방하고, 그 간의 수형 생활에 대해 국가가 보상해주고 있습니다. '이노센트 프로젝트 (Innocent Project)'라고 알려진 이 프로젝트를 통해 현재까지 300명 가까이 풀려났습니다. 이들 중 상당 부분은 사형수였습니다.

미국 드라마 〈CSI〉를 보면, 미국의 경우 배심원들이 과학수사가 뒷받침되지 않은 사건에서는 좀처럼 유죄를 인정하지 않으려고 합니다. 우리나라의 경우도, 과학수사가 뒷받침된 객관적 증거를 매우 중요시합니다. 범인이 자백할지라도 그것이 완벽한 증거가 되지는 못합니다. 거짓 진술을 할 수도 있다는 가능성 때문입니다. DNA 감식은 사건 현장에 떨어진 증거물들이 누구의 것인지를 정확히 밝혀줍니다. 눈에 보이지 않지만 무엇보다도 정확한 목격자 역할을 하고 있는 것입니다. 생명과학이 발전하면서 DNA 감식도 빠른 속도로 발전하고 있습니다. 과거에는 불가능했던 부분도 감식할 수 있게 될 것입니다. DNA 감식은 지금도 그렇지만 앞으로도 현대 과학수사 분야 중 가장 중요한 위치를 차지할 것입니다.

나노바이오 테크놀로지란 무엇인가

정봉현 전 한국생명공학연구원 나노바이오헬스가드연구단 단장
서울대학교를 졸업하고, 한국과학기술원에서 박사학위를 받았다. 한국생명공학연구원 나노바이오헬스가드연구단 단장으로 재직했다. 차세대성장동력 단백질칩기술개발 총괄책임자, 과학기술연합대학원대학 나노바이오 전공책임교수, 한국과학기술원 바이오시스템학과 대우교수를 맡았다. 암과 암전이를 초기 진단하는 나노겔을 개발하는 등 다수의 특허를 보유하고 있다. 2013년 KRIBB상을 수상했다.

나노란 무엇인가요? 나노는 10^{-9}입니다. 1nm(나노미터)의 길이는 분자 하나의 크기라고 보면 됩니다. 나노(nano)라는 말은 '난장이'를 뜻하는 고대 그리스어 '나노스(nanos)'에서 유래했습니다. 그래서 단순하게 보자면, 이렇게 분자처럼 작은 크기의 물체를 우리 마음대로 조종하고 활용하는 것, 이것을 나노 기술 혹은 나노 엔지니어링이라고 보면 됩니다.

잠시 주변 물질들의 크기를 한번 가늠해보겠습니다. 머리카락의 크기는 보통 10^4~10^5nm, 마이크로미터로 따지면 10~100㎛입니다. 박테리아는 10^3nm 이상이고 바이러스는 그보다 작습니다. DNA의 폭은 약 2~2.5nm 정도이고 길이는 약 100nm 정도입니다. 하나의 단백질의 크기는 1~10nm입니다.

DNA와 단백질은 그 자체로 나노시스템을 구현하고 있기 때문에, 분자 수준에서 생물체를 다룰 수 있는 나노바이오테크놀로지는 생명공학의 핵심 기술이라 할 수 있습니다. 나노바이오테크놀로지는 나노 크기의 아주 작은 것들을 움직였다 붙였다 하는 식으로 조종하고, 이것을 산업적으로 이용하고자 하는 기술입니다.

나노 기술과 현미경의 발달

그러면 왜 나노바이오테크놀로지가 주목을 받는 것일까요? 나노바이오테크놀로지가 중요한 이유는 이 세상에 존재하는 구조체 가운데 가장 완벽한 구조체가 생명체이기 때문입니다. 수많은 과학 연구들이 생물체의 완벽함을 따라가려고 하고 있습니다.

예를 들어 뼈를 만든 과정을 봐도 나노구조체에서 시작합니다. 맨 처음에는 단백질에서부터 시작합니다. 10nm가 되는 콜라겐이나 단백질을 합쳐서 500nm가 되는 구조가 되고, 그것으로 뼈를 만듭니다. 그런데 생물체는 나노 크기의 분자까지 기가 막히게 정렬시켜서 뼈를 만듭니다. 나노 기술 분야의 과학자들은 이렇게 신의 영역이라고 생각되는 크기의 분자를 마음대로 조정하려고 합니다.

나노 기술은 언제 시작되었을까요? 나노 기술은 1959년 미국 캘리포니아공과대학에서 열린 한 강연에서 리처드 파인만이 나노를 언급하면서부터 시작되었다고 할 수 있습니다. 리처드 파인만은 1965년 노벨 물리학상을 받은 20세기 천재 중 한 명입니다. 그날 강연의 제목은 '바닥에는 풍부한 공간이 있다(There's Plenty of Room at the Bottom)'였습니다. 파인만은 나노과학이 발달하게 되면 핀 머리 하나의 작은 크기에 브리태니커 백과사전의 모든 내용을 기록할 수 있다고 언급했습니다. 그리고 분자 크기의 기계를 개발하는 것을 제안했습니다. 당시 청중들은 그런 파인만의 아이디어가 실현 불가능하다고 생각했습니다.

그러나 현미경이 개발되면서 상황이 달라지기 시작했습니다. 나노구조체를 들여다볼 수 있는 수단이 생긴 것입니다.

대표적으로 SPM(Scanning Probe Microscope)이 있습니다. 우리나라에선 주사탐침현미경이라고도 부릅니다. SPM에는 탐침이 있습니다. 이것이 굴곡이 있는 고체 표면을 상하좌우 전후로 저공비행하듯이 움직여 지나가면, 1~2nm 간격의 표면 데이터를 뽑아낼 수가 있습니다. 그리고 컴퓨터의 화면 밝기로 수치를 나타내면 표면의 이미지를 얻을 수 있습니다. 이 같은 현미경의 발달로 나노 기술이 시작된 것입니다.

원자현미경인 AFM(Atomic Force Microscope)도 있습니다. 이것은 생체 모습을 잘 볼 수 있는 원자현미경입니다. 이 현미경에도 SPM처럼 날카로운 바늘이 있는데, 바늘이 올라갔다 내려갔다 하면서 시료 표면을

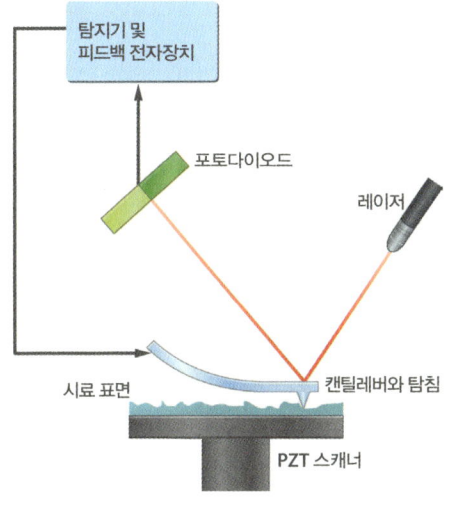

원자현미경 AFM의 구조

지나갑니다. 그것을 이미지로 나타내면, 오랫동안 기술적으로 볼 수 없었던 DNA와 단백질의 형상을 볼 수 있게 해줍니다.

나노 기술은 어디에 활용되는가?

과학자들이 나노 사이즈를 이용해서 개발하고자 하는 것에는 무엇이 있을까요? 나오바이오테크놀로지에서의 핵심 연구 분야는 나노생체소재 연구, 나노바이오칩·센서 연구, 나노생체분석 연구 등을 꼽을 수 있습니다.

간단한 예를 들면, 나노생체소재 연구로는 분자 모터가 있습니다. 단백질 하나로 이루어진 모터를 만들 수 있습니다. 어떤 단백질은 외부에서 ATP라는 에너지원을 주면 빙글빙글 돌아갑니다. 미국의 NASA에서는 앞으로 50~100년 후에 단백질 모터를 이용하는 소형 로봇을 만들어 화성으로 보내겠다고 발표한 적이 있습니다. 이미 연구가 이루어지고 있는 중입니다.

나노바이오칩·센서 연구는 기존의 바이오칩·센서에 나노 기술을 접목시키는 것이라 할 수 있습니다. 이렇게 될 경우 바이오칩·센서는 더 소형화되고, 더 스마트해집니다. 대개 바이오센서는 암과 같은 질병을 진단할 때 사용됩니다. 나노바이오센서를 이용하면 혈액을 뽑지 않고도, 아주 작은 양의 체액만으로도 질병을 측정할 수 있게 됩니다. 이 나노바이오센서는 살아 있는 하나의 세포에 어떤 일들이 일어나는지를 관찰할 수 있게 하는 등 응용 방법이 무궁무진합니다.

나노생체분석 연구는 쉽게 말하자면 단일 세포나 단일 분자를 분석해서, 그것의 생화학적인 메커니즘을 파악하는 연구라고 할 수 있습니다. 주어진 환경에서 단일 세포가 어떻게 기능하는지, 어떤 변화를 겪는지 등을 분석하는 것입니다.

랩온어칩(Lab on a chip)이라는 것도 나노 기술 때문에 가능해졌습니다. 큰 실험실을 아주 작은 칩에 다 넣은 것입니다. 말 그대로 '칩 위의 실험실'이라는 뜻입니다. 실험실에는 화합물을 반응시키는 것도 있고, 가열하는 도구도 있고, 운반하는 장비도 있습니다. 랩온어칩은 이같이 실험에 필요한 다양한 것들을 작은 칩에 다 넣었다는 뜻입니다. 아주 작은 양의 시료만으로 기존의 실험실에서 하는 실험을 동일하게 수행할 수 있도록 만든 칩입니다. 이것은 공상이 아닙니다. 미국뿐 아니라 우리나라에서도 랩온어칩 실험이 이뤄지고 있습니다. 조그만 칩에 많은 기능을 집어넣는 것입니다. 이는 나노 크기의 물질들을 마음대로 조작할 수 있게 되었기 때문에 가능해졌습니다.

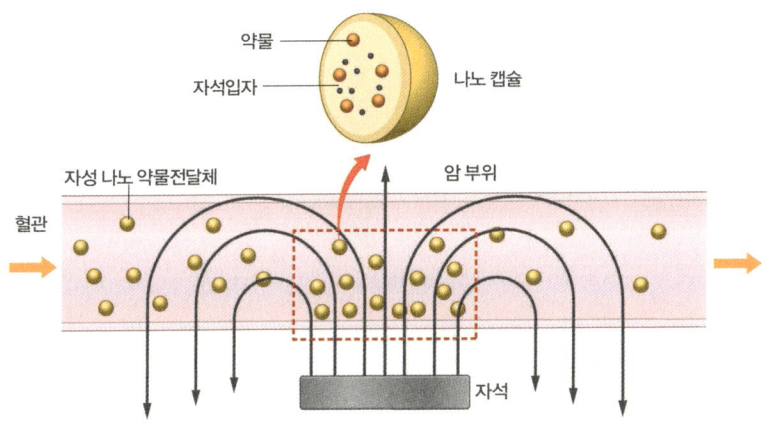

혈관을 통한 표적지향성 자성 약물전달시스템

　나노 기술은 약물전달시스템과도 연관됩니다. 약물전달시스템이란 약물을 최대한 효율적으로 몸에 전달하는 기술로, 우리 몸속에 나노 사이즈의 물질을 집어넣는 방식이 연구되고 있습니다. 이것을 나노약물전달시스템이라고 합니다. 특정 암세포가 있다면 이 암세포에 딱 달라붙어 암세포를 공격하는 약물을 예로 들 수 있습니다. 최근 나노 사이즈의 조그만 약물 안에 암을 들여다보는 장치를 넣거나, 대장암에만 딱 붙을 수 있는 약물을 개발하는 등의 연구가 진행되었습니다. 이런 약물로 암을 진단하거나 치료할 수 있는 것입니다.

　나노구조체 안에 조그만 자석과 약물을 집어넣어 암세포에 투여하는 경우도 있습니다. 암세포에 나노 약물을 찔러 넣어준 다음 외부에서 자기장을 걸면, 자석 때문에 자성들이 마구 움직입니다. 움직이면 열이 나서 나노구조체를 깨버립니다. 그때 약물이 전달되는 것입니다.

　또 다르게는 나노구조체에 방사성 동위원소를 붙이기도 합니다. 방사성 동위원소가 들어간 나노 약물에 암세포만 선택적으로 인식할 수 있는

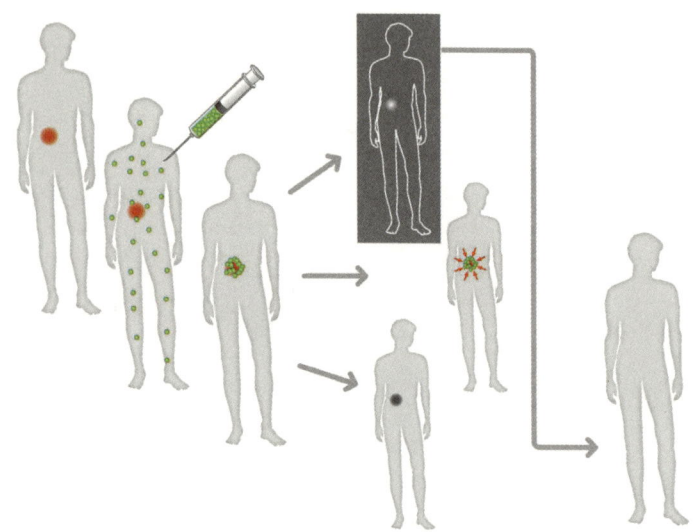

혈액 속에 주입한 나노구조체는 암세포 등에 달라붙어 질병을 치료할 수 있다.

항체를 집어넣은 다음, 이것을 주사하면 혈관을 돌아다니다가 암세포에 딱 붙습니다. 그러면 그때 방사성 동위원소가 암세포를 공격하는 것입니다. 정상세포는 그대로 놔두고 암세포만 죽이는 것이 가능하다는 얘기입니다.

나노 기술과 의학 기술을 접목시켜 질병을 진단하고 치료하는 것을 나노메디신(nanomedicine)이라고 부릅니다. 나노구조체 안에 약물뿐 아니라 그 외의 다른 물질도 집어넣을 수 있습니다. 이 나노구조체를 혈액 속에 주입하면 질병을 진단하거나 암세포 등에 달라붙어 질병을 치료하게 됩니다.

나노구조체에 암세포만 인식할 수 있는 항체 같은 것을 붙여놓으면 혈관을 타고 들어가 여러 작용을 합니다. 어떤 것은 외부에서 레이저를 쬐어주었을 때 몸속에서 암세포에 달라붙은 나노 물질이 열을 방출해서 암

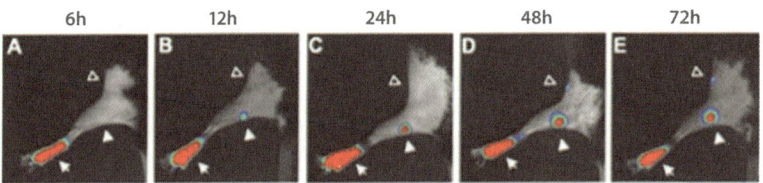

형광나노입자는 수지상세포의 이동을 실시간으로 보여준다.

세포를 죽입니다. 암세포에 딱 달라붙는 나노구조체가 빛을 띤다면 그 색을 보고 의사들이 암세포만 절제할 수 있기도 합니다. 실제로 그런 수술이 가능합니다.

저희 연구팀이 개발한 형광나노입자도 나노메디신의 일종이라고 할 수 있습니다. 이 형광나노입자는 수지상세포를 실시간으로 추적하기 위해 개발한 나노구조체입니다. 수지상세포는 암세포가 생기거나 병원체가 들어오면 림프절로 이동해 T세포에 정보를 전달하는 세포입니다. 그래서 수지상세포를 이용해서 치료하려면, 수지상세포가 얼마나 림프절로 이동하는지 파악하는 것이 필요합니다. 형광나노입자는 이런 수지상세포의 이동을 실시간으로 관찰할 수 있게 해줍니다.

이런 나노구조체를 스마트 나노입자라고도 부릅니다. 똑똑한 입자이기 때문입니다. MIT는 이 분야를 미래 산업을 주도할 10대 기술 중 하나로 꼽기도 했습니다.

일상생활에서 흔히 접할 수 있는 화장품에도 나노 기술을 만날 수 있습니다. 대표적인 것이 레티놀입니다. 레티놀은 비타민 A로 주름살을 개선하는 데 효능을 갖고 있다고 알려져 있습니다. 레티놀은 주름살을 펴는 기능성 화장품의 원료입니다. 레티놀이 주름을 없애는 기능을 하려면 화장품 속의 레티놀이 피부 속으로 잘 들어가야 합니다. 피부 속으로 들어가는 물질은 작으면 작을수록 더 좋습니다. 그래서 화장품을 아주 작은 나노구조체로 만들면 주름살을 펴는 데 한층 효과적일 것입니다.

나노 기술의 미래는?

미래에 나노 기술이 발전되면, 나노바이오센서로 혈액 한 방울만 가지고서도 몸 상태를 측정해 인터넷을 통해 의사와 커뮤니케이션을 할 수 있는 시대가 될 것입니다. 병원에 가서 혈액을 채취할 필요가 없습니다. 이것을 유비쿼터스 헬스케어(Ubiquitous Healthcare)라고 합니다. 미래에는 병원에 가지 않고 집에 있거나 걸어다니면서 질병을 다 체크할 수 있는 것이 가능해지는 겁니다.

나노바이오칩은 조그마한 칩 안에 굉장히 많은 수의 질병을 분석할 수 있는 칩입니다. 앞으로 5~10년 후에 어떤 질병에 걸릴 수 있는지 나노바이오칩으로 예측하는 것이 가능해질 것입니다.

공상과학에서나 나오는 나노 로봇 치료도 현실화될 것입니다. 의사가 기술적으로 할 수 없는 일을 로봇이 하는 겁니다. 아주 조그만 로봇을 만들고 그 안에 약물을 넣은 다음 몸속에 집어넣으면, 그 로봇은 혈액 속을 돌아다니다가 질병을 치료합니다.

나노 로봇은 비단 의학 분야에만 제한되지 않습니다. 군사적으로도 활용할 수 있습니다. 작은 로봇 안에 나노 센서를 부착시켜, 사람이 접근할 수 없는 곳에 있는 테러 물질을 분석할 수 있는 것입니다.

지금까지 나노바이오 기술의 흐름을 전반적으로 살펴보았는데, 이제 우리나라에서 무엇을 하고 있는지를 잠깐 소개해보겠습니다.

암을 치료하는 방법 중 최근 굉장히 각광받고 있는 것은 세포 치료입니다. 세포 치료는 암을 죽일 수 있는 면역세포를 사람 몸속에 집어넣어 암을 공격하는 치료 방법입니다. 이 세포 치료에 나노 기술은 어떻게 이용되고 있을까요?

먼저 면역세포를 사람 몸속에 찔러 넣습니다. 그러면 면역세포가 돌아다니다가 암세포를 만나면 암세포를 공격합니다. 이때 면역세포가 움직이는 것을 볼 수 있으면 좋겠죠? 면역세포가 우리가 원하는 방향으로 가 있는지 그렇지 않은지 확인할 수 있도록 말입니다. 만약 원하지 않는 곳에 가 있으면 치료도 안 되고 세포 치료가 소용이 없을 겁니다. 시간이 경과해도 별다른 차도가 없으면 의사들은 면역세포가 어디에 가 있는지 모르기 때문에 다시 주사할 것입니다. 그러나 밖에서 볼 수 있는 나노 입자들을 면역세포 안에 집어넣은 다음 주사하면, 면역세포가 어디 있는지 모른다는 어려움은 없어질 겁니다.

실제로 나노 입자를 이용해서 세포 치료를 하면 컴퓨터 상에 암이 있는 곳이 많은 점으로 표현됩니다. 세포 치료를 통해 암세포가 죽으면, 이 점의 수들이 적어집니다. 암을 들여다볼 수 있을 뿐 아니라 치료도 할 수 있게 하는 것이 바로 나노 입자인 것입니다.

제가 특허를 출원한 것 가운데 하나인 간기능 진단폰은 나노바이오 기술을 응용한 것입니다. 일종의 나노바이오센서입니다. 휴대폰을 통해 효소 트랜스아미나제인 GOT, GTP 수치를 직접 측정할 수 있게 만들었습니다. 수치를 측정하면 간 기능의 이상 유무를 알 수 있습니다. 혈액 속의 GOT, GPT 수치를 전기화학적으로 측정하는 센서를 개발해서 그 센서와 휴대폰을 연결시킨 것입니다. 나노 센서와 휴대폰이 연결되어서 신호를 파악하고, 그것으로 질병을 진단합니다. 수치가 35 이하로 나오면 '건강합니다', 40 이상 나오면 '조심하세요', 500이 나오면 '당장 병원으로

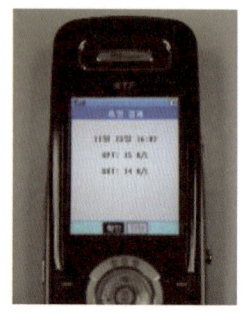

휴대폰으로 GOT, GPT 수치를 측정할 수 있는 간기능 진단폰

가세요'라는 메시지가 뜹니다. 그 결과는 휴대폰의 인터넷 기능을 통해 병원으로 전송됩니다. 결국 우리 손 안의 휴대폰이 건강을 진단하는 의사가 되는 것입니다. 이 기술은 지난 2007년에 일본미래과학관에서 아시아를 대표하는 미래첨단기술 중 하나로 전시되기도 했습니다.

나노바이오테크놀로지는 기초과학뿐 아니라 의학 분야에 커다란 변화를 몰고 올 핵심 기술입니다. 나노바이오센서, 나노분자영상, 나노생체소재, 나노생체분석, 나노약물전달시스템 등 기술을 적용하고 응용할 수 있는 분야도 매우 다양합니다.

머지않아 나노바이오테크놀로지가 생명 현상을 분자 수준에서 규명하거나, 질병을 조기 진단할 수 있도록 하거나, 질병과 관련된 부위만을 선택적으로 치료하거나, 약물의 부작용을 크게 감소시키거나 하는 등 여러 분야에 실질적인 역할을 해내기를 기대해봅니다.

초파리도 과연 파킨슨병을 앓는가

정종경 서울대학교 생명과학부 교수

서울대학교에서 약학을 전공했으며, 미국 하버드대학교에서 분자세포생리학 분야 연구로 이학박사 학위를 받았다. 하버드대학교 의과대학 연구원, 한국과학기술원 생명과학과 교수를 거쳐, 현재 서울대학교 생명과학부 교수로 재직 중이다. 세포의 성장과 사멸이 어떻게 조절되는가에 관심을 가지고 있으며, 현재 파킨슨병, 당뇨병 등에 관련된 질병 유전자 연구에 주력하고 있다. 80여 편의 연구논문을 발표했으며, 한국과학기술원 연구상(2002), 우수 의과학자 20인상(2002), 이달의 과학자상(2006. 12), 우수과학자 10인(2007), 한국과학기술원 학술대상(2008), 경암학술상(2008), 한국분자·세포생물학회 학술상(2010), 아산의학상(2013) 등 다수의 상을 받았다.

우리 실험실은 우리 몸의 유전자가 잘못되어 생기는 질병들을 연구합니다. 오늘 이 자리에서는 여러 질병들 가운데 파킨슨병을 중심으로 우리가 어떻게 연구하는지 소개하려고 합니다.

저는 초파리를 모델동물로 이용하여 실험을 합니다. 초파리는 아마 여기 앉아 있는 모든 학생들이 다 보았을 겁니다. 포도나 바나나를 먹고 난 다음에 껍질을 버리면 그 주위를 날아다니는 조그만 곤충입니다.

그 조그만 초파리에게 정말 파킨슨병이 생길까요? 사실 초파리에게는 파킨슨병이 생기지 않습니다. 보통 파킨슨병이 일어나기 훨씬 전에 일생을 마칩니다. 즉, 정상적인 경우 초파리에게 파킨슨병이라는 질병 현상이 거의 나타나지 않기 때문에, 실험실에서는 초파리가 파킨슨병을 앓도록 하는 특별한 상황을 만들어 연구를 합니다.

파킨슨병이란 무엇인가?

파킨슨병에 걸린 환자의 가장 뚜렷한 특징은 움직이는 능력에 이상이 있다는 겁니다. 파킨슨병에 걸리면 걷는 것조차 힘듭니다. 자기 의지대로 걸을 수가 없습니다. 나중에 질병이 더 진행되면 자기 의사를 표현하지 못하고, 지적인 능력도 떨어지며, 음식도 먹지 못합니다. 결국은 죽습니다. 이 질병의 또 다른 특성은 대부분 천천히 진행된다는 겁니다. 보통 5~10년 정도 질병이 진행되며, 시간이 지날수록 주변 가족들에게 의존하는 정도가 높아져서 가족 전체를 힘들게 합니다.

보편적으로 파킨슨병은 나이 든 사람에게 생깁니다. 나이가 들수록 환자 수가 급격하게 늘어납니다. 미국의 경우만 해도 약 300만 명 정도의 사람이 파킨슨병에 걸린 것으로 추정하고 있습니다. 파킨슨병은 뇌에서

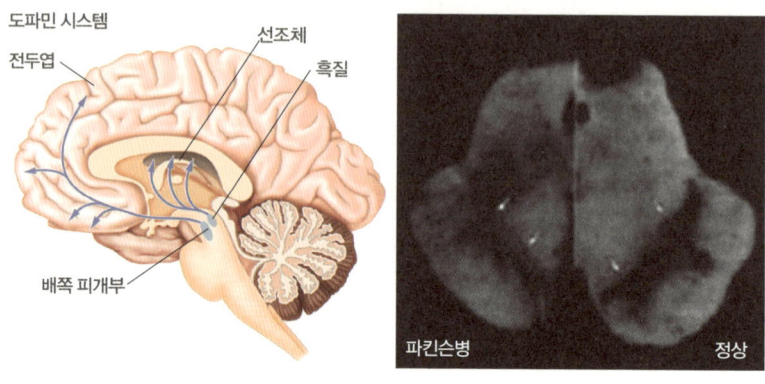

파킨슨병은 흑질 부위의 도파민 신경세포에 문제가 발생할 때 생긴다.

발생하는 질병 중 치매 다음으로 환자가 많습니다. 전 교황 요한 바오로 2세, 권투선수 무함마드 알리, 중국 전 주석 덩샤오핑 등도 파킨슨병 때문에 크게 고생했습니다.

 파킨슨병은 왜 생기는 것일까요? 이 질병에 걸린 환자들은 운동능력을 조절하는 뇌 부위에 이상이 있습니다. 특히 도파민 신경세포가 고장 나 있습니다. 도파민 신경세포는 도파민이라는 신경전달물질을 분비하는 세포인데, 이 신경세포에 문제가 생기면 운동능력을 좌우하는 뇌 부위에 도파민이라는 신경전달물질이 부족하게 되고, 따라서 파킨슨병이 생기게 됩니다. 어떻게 보면 아주 간단한 기전을 가지고 있는 질병입니다.

 이렇게 질병이 일어나는 이유를 알기 때문에 파킨슨병의 질병 현상을 좋게 만드는 약을 만들 수 있습니다. 대부분 운동능력이 떨어지는 증상을 완화하는 치료제입니다. 가장 대표적으로, 운동능력을 조절하는 뇌 부위에 도파민을 채워주는 '레보도파'를 들 수 있습니다. 이 약은 도파민 신경세포에서 도파민으로 바꾸기 직전의 물질입니다. '레보도파'를 먹으면 환자의 뇌에서 도파민으로 바뀌어서, 부족했던 도파민을 채워줍니다. 그러면 환자의 운동능력이 정말 극적으로 나아집니다. 정말 좋은 약입니다.

그런데 문제는 파킨슨병 환자의 도파민 신경세포가 서서히 죽어가고 있다는 데 있습니다. 시간이 지나 환자의 도파민 신경세포가 거의 죽어서 없어지게 되면 아무리 레보도파를 먹어도, 그것을 도파민으로 바꾸는 신경세포가 없어서 약의 효과가 생기지 않습니다. 이런 현상을 '약효 소실'이라고 합니다. 즉 '레보도파'를 약으로 사용할 수 있는 기간이 마치 타이머처럼 정해져 있습니다. 그래서 환자들은 '레보도파'의 약효가 있을 때에는 정상인처럼 살 수 있지만, 파킨슨병이 서서히 진행되어 질병 말기에 이르러 도파민 신경세포가 죽어 없어지게 되면 더 이상 약을 처방할 수 없는 상태가 됩니다.

그래서 다른 방식으로 도파민의 역할을 대체하는 약들이 만들어졌습니다. 하나는 도파민이 분해되어 없어지지 않도록 만드는 약이고, 다른 하나는 도파민이 실제로 작용하는 부위에 도파민 대신 달라붙어 작동하는 도파민 유사역할 치료제입니다. 그런데 이런 약들은 부작용이 아주 심합니다. 그래서 사람들이 복용하기 꺼리는 약들입니다.

그러면 어떻게 해야 할까요? 한 가지 방법은 도파민 신경세포 대신에 운동능력을 조절하는 부위에 전기 자극을 가해 실제 운동능력을 보충해주는 수술, 즉 뇌심부자극술입니다. 뇌에 구멍을 뚫어 바늘을 집어넣고 운동능력을 좌우하는 부위에 전기 자극을 가해줍니다. 이렇게 하면 어느 기간 동안은 정상적으로 살 수가 있습니다.

또 다른 방법은 도파민 신경세포를 도로 채워 넣어주는 방법입니다. 줄기세포를 몸 밖에서 키워 도파민 신경세포로 분화시킨 후, 도파민 신경세포가 없어진 부위에 이식시키는 것입니다. 운이 좋아 제대로 정상적으로 작동하기만 한다면, 이식된 신경세포에서 도파민이 만들어지게 될 겁니다. 그런데 문제는 이 기술이 아직 초기단계라는 것입니다. 지금 많은 과학자들이 줄기세포를 연구하고 있지만, 환자에게 적용하기까지에는 상당한 시간이 필요할 것입니다.

그러면 파킨슨병 환자를 살리는 또 다른 방법은 없나요? 우리 실험실은 보다 근본적으로, 환자의 뇌에서 도파민 신경세포가 왜 죽는가를 연구하고 있습니다. 도파민 신경세포가 죽는 이유를 알게 된다면, 그리고 어떤 약을 먹었을 때 도파민 신경세포가 죽지 않는지 밝히게 된다면, 파킨슨병을 앓지 않고 오랫동안 건강하게 살 수 있을 겁니다. 즉, 근본적인 질병 원인을 찾아내어 그에 따른 새로운 방식의 치료제를 만들어보겠다는 것을 목표로 연구하고 있습니다.

파킨슨병은 어떻게 생기는 것일까?

파킨슨병은 운동능력을 좌우하는 도파민 신경세포가 죽어 도파민이 감소함으로써 생깁니다. 그러면 이 도파민 신경세포는 왜 죽는 것일까요? 몇십 년간 과학자들이 연구한 결과, 두 가지 요인이 밝혀졌습니다. 한 가지는 독성물질과 같은 환경적 요인이고, 다른 하나는 유전적 요인입니다. 이 두 요인이 파킨슨병을 일으키는 가장 주요한 원인이라고 알려져 있습니다. 제가 주로 연구하는 것은 유전적 요인입니다. 부모에게서 물려받은 유전자가 잘못되어서 도파민 신경세포가 죽어버리는 현상을 연구하고 있습니다.

환경적 요인으로는 대부분 인간이 섭취하게 된 독성물질을 거론합니다. 농약이나 제초제 등이 가장 중요한 원인 물질로 여겨지고 있습니다. 실제로 파킨슨병 환자는 농촌에서 일하는 분들이 가장 많습니다. 이것

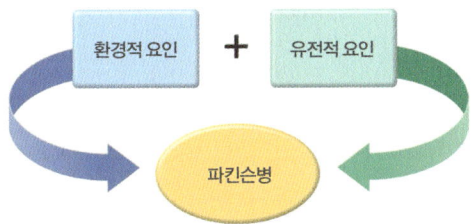

파킨슨병은 유전적 요인과 환경적 요인에 의해 발병한다.

외에 오염된 물, 중금속, 마약(혹은 마약에 섞여 있는 어떤 물질) 등이 뇌의 도파민 신경세포를 죽인다고 보고되고 있습니다.

지난 몇십 년간 과학자들은 파킨슨병을 일으키는 물질을 찾으려고 무척 애를 썼습니다. 불행하게도, 아직은 정확한 원인이 밝혀지지 않았습니다. 대부분의 환자가 환경적 요인 때문에 파킨슨병에 걸리는데도, 아직 정확하게 어떤 물질이, 어떤 경로로, 왜 도파민 신경세포를 죽이는지 알지 못하고 있습니다.

반면에 유전적 요인에 의해 생긴 파킨슨병에 대해서는 많은 것들이 밝혀졌습니다. 지난 2003년 인간 DNA의 염기서열을 분석하는 인간게놈프로젝트(인간유전체프로젝트)가 완료되었습니다. 이 게놈프로젝트의 성과에 힘입어, 지난 10년 사이에 어느 유전자가 잘못되면 파킨슨병에 걸리는지 상당히 많이 밝혀졌습니다. 지금까지 20개 정도의 원인유전자를 알아냈습니다. 흥미로운 점은 그 20개의 원인유전자들 가운데 단 하나만 잘못되어도 파킨슨병에 걸린다는 점입니다.

대표적인 파킨슨병 원인유전자로는 알파-시뉴클레인(PARK1), 파킨(PARK2), Uch-L1(PARK5), DJ-1(PARK7), 핑크1(PARK6) 등입니다. 여기서 파킨(PARK2)과 핑크1(PARK6), 이 두 가지 유전자는 기억해두십시

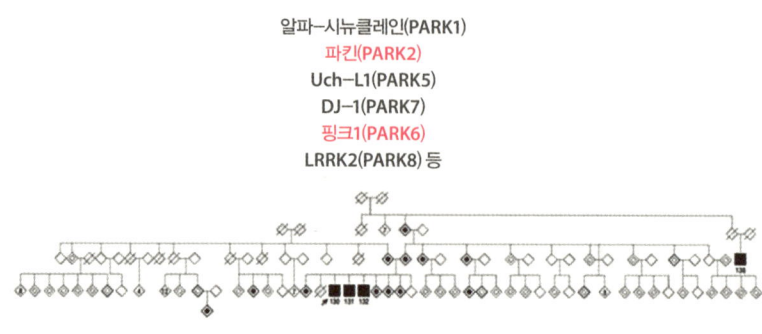

파킨슨병과 관련된 유전자로는 현재 20여 개가 밝혀졌다.

오. 뒤에 다시 이야기하게 될 유전자들입니다.

과학자들은 환경적 요인에 의해 생기는 파킨슨병은 그 원인을 찾아내기 너무 어려우니 유전적 요인에 의한 파킨슨병을 연구하다 보면 이 병에 대한 이해가 깊어질 수 있고, 그러다 보면 환경적 요인에 의해 생기는 파킨슨병도 잘 다룰 수 있으리라 생각했습니다. 저도 10여 년 전부터 유전성 파킨슨병에 대한 연구를 시작했습니다.

파킨슨병과 초파리

파킨슨병을 제대로 파악하려면, 인간을 대상으로 실험하는 것이 가장 좋을 것입니다. 그러나 윤리적인 문제 때문에 그것은 불가능합니다. 그래서 모델동물이 필요합니다. 실험동물은 정해진 장소에 넣어놓고, 쉽게 실험할 수 있습니다. 사람이라면 뇌에 이상이 있더라도 뇌를 열어서 잘라보거나 할 수 없지만, 모델동물이라면 뇌를 열어 세부 메커니즘을 자세히 연구할 수 있습니다.

파킨슨병에는 주로 세 가지 모델동물, 즉 원숭이, 쥐, 초파리가 이용됩

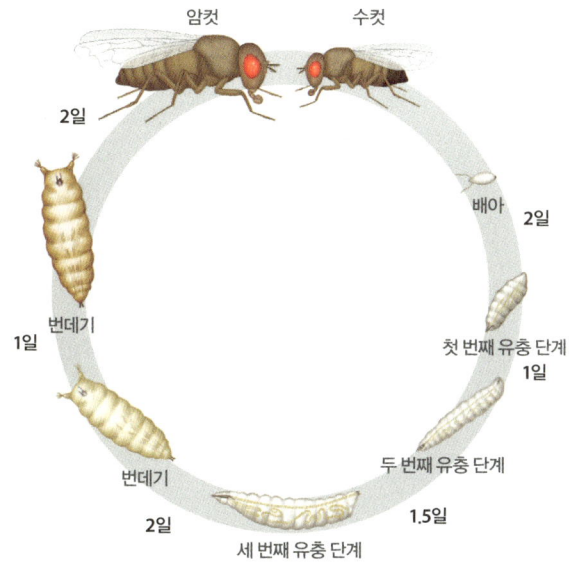

초파리의 한살이

니다. 원숭이는 관리하는 데 굉장히 많은 비용이 듭니다. 그래서 많은 연구자가 주로 쥐를 가지고 연구합니다. 그런데 쥐를 모델동물로 한 연구에는, 사람에게 생기는 파킨슨병 현상이 생기지 않는 등 예상하지 못한 어려움이 많이 나타났습니다. 다행히 우리 연구실은 초파리를 사용하여 파킨슨병 연구를 시작했습니다.

초파리의 학명은 드로소필라 멜라노가스터(*Drosophila melanogaster*)입니다. 초파리를 모델동물로 할 때의 장점은 한 생애가 아주 짧다는 것입니다. 초파리는 보통 10일 정도면, 알에서 성체가 만들어지고 다시 알을 낳습니다. 초파리는 변태 과정을 겪습니다. 알에서 배아가 되고, 구더기가 되고, 다시 번데기가 되고, 탈피해서 성체가 됩니다. 연구할 때는 주로 성체 단계에서 연구합니다. 초파리의 성체는 상당히 복잡한 구조를 가지고 있습니다.

파킨슨병을 연구하려면 모델동물에 뇌가 있어야 합니다. 초파리의 머릿속 뇌도 인간처럼 좌반구와 우반구로 나뉘어져 있습니다. 운동을 조절하는 부위도 따로 있습니다. 더 자세히 들여다보면 도파민 신경세포가 있습니다.

초파리는 과학자들이 지난 100년 이상 실험실에서 이용한 중요한 모델동물입니다. 100년 동안 쌓인 지식을 바탕으로 다양한 유전학적 실험을 할 수 있습니다. 부모에서 자손으로 특정 유전자가 전해지면 어떻게 표현되는지, 어떤 행동들의 변화가 나올 수 있는지, 어느 정도 알고 있습니다. 많은 실험 데이터들이 쌓여 있습니다. 인간게놈프로젝트가 완료되었듯이, 초파리게놈프로젝트도 완료되어 대부분의 초파리 유전자를 알고 있습니다. 실제 초파리의 조직에 나타나는 병리적인 현상도 잘 알고 있습니다. 더 나아가서, 알려진 인간의 질병 유전자에서 약 70%를 초파리에게서도 발견할 수 있었습니다.

그러면 과연 초파리 유전체(게놈) 속에 파킨슨병 유전자가 있을까요? 찾아보았더니, 20개 이상 알려진 파킨슨병 유전자 가운데 하나만 빼고 초파리에서 모두 발견할 수 있었습니다. 특히, 우리 연구실에서 관심을 가진 것은 핑크1 유전자와 파킨 유전자였습니다. 사람의 유전자 구조와 초파리의 유전자 구조를 보면, 서로 아주 비슷하다는 것을 확인할 수 있습니다.

초파리도 파킨슨병을 앓는다

초파리의 유전자는 1만 3000개 정도 됩니다. 초파리 유전체의 유전자

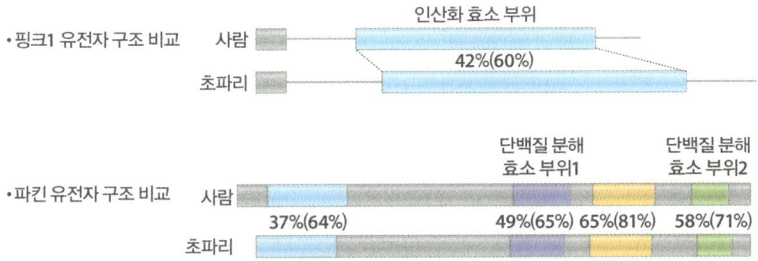

초파리에서도 핑크1 유전자와 파킨 유전자가 제 기능을 하지 못하면 파킨슨병에 걸린다.

가 모두 분석되어 있기 때문에, 핑크1 유전자와 파킨 유전자가 초파리 염색체 어디에 있는지 우리는 압니다. 그래서 분자생물학적 기술을 사용하면 핑크1 유전자와 파킨 유전자만 선택적으로 못 쓰게 만들 수 있습니다.

인간의 경우 해당 유전자가 제 기능을 하지 못할 때 파킨슨병에 걸리는 것처럼 초파리도 핑크1 유전자와 파킨 유전자를 없애면 파킨슨병에 걸리는지 알아보았습니다.

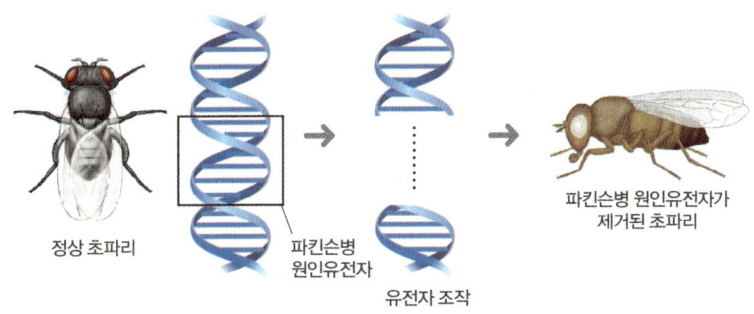

파킨슨병 모델 초파리는 유전자 조작을 통해 만들 수 있다.

핑크1 유전자가 없는 초파리, 파킨 유전자가 없는 초파리를 각각 만들어보았습니다. 그랬더니 알-구더기-번데기-성체로 잘 자라났습니다. 이들 초파리에게 운동능력에 이상이 있는지 없는지를 살펴보았습니다.

대조군인 정상 초파리가 잘 날아다니는 것과 달리, 핑크1 유전자가 없는 초파리와 파킨 유전자가 없는 초파리는 쉽게 넘어지고 한 번 넘어지면 못 일어나는데다 전혀 날지 못하는 모습을 보였습니다. 이들 유전자를 없앤 초파리는 운동능력에 큰 결함이 생겼던 것입니다. 일정한 거리를 걸어가는 속도를 보면, 정상 초파리에 비해 파킨슨병 유전자를 없앤 초파리들이 훨씬 느리다는 것을 볼 수 있었습니다. 우리의 연구를 통하여 동물의 운동능력에 이들 유전자가 매우 중요한 역할을 한다는 사실을 전 세계가 알게 되었습니다.

그 다음으로 도파민 신경세포에 정말 이상이 있는지 살펴보았습니다. 도파민 신경세포에만 발현하는 단백질을 항체를 이용해서 염색하면, 초파리 뇌의 다양한 수만 개의 신경세포 중 도파민 신경세포 하나하나를 셀 수 있습니다. 뇌 전체를 DM, DL1, DL2, PM 등 구역을 나누어 도파민 신경세포 수의 차이를 비교할 수도 있습니다. 대조군인 정상 초파리와 비교하면, 파킨슨병에 걸린 모델 초파리는 DM이라는 구역과 DL1이라는 구역의 도파민 신경세포 수가 눈에 띄게 감소했습니다. 뇌에 분비된 도파민 양도 파킨슨병 모델 초파리에게서 많이 감소한다는 것을 알 수 있었습니다.

그러면 '레보도파'로 파킨슨병에 걸린 초파리를 치료할 수 있을까요? 인간의 경우에는 도파민 신경세포가 살아 있는 한, '레보도파'를 먹으면 파킨슨병 환자가 정상인처럼 좋아집니다. 초파리는 어떨까요? 꿀물에 '레보도파'를 타서 파킨슨병에 걸린 초파리에게 억지로 먹이면, 신기하게도

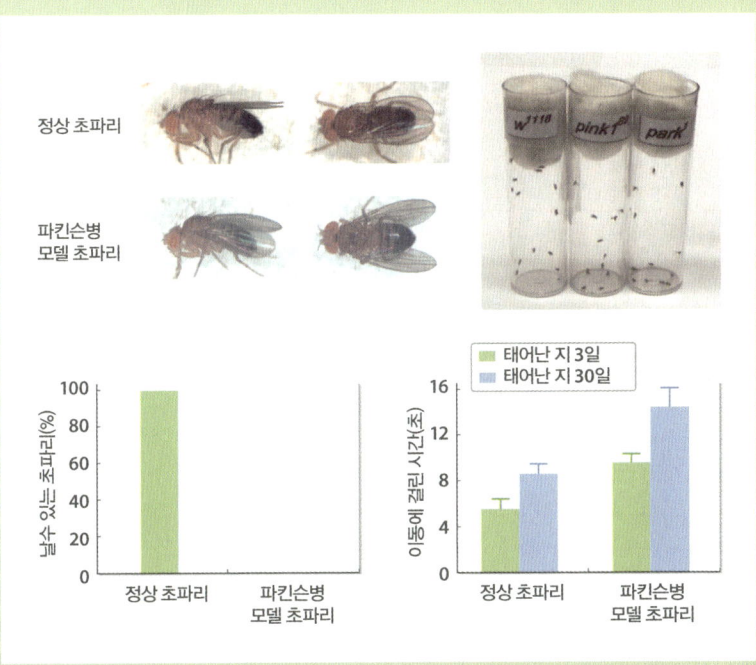

파킨슨병 관련 유전자를 없앤 초파리들은 운동능력에 큰 결함이 생기는 것으로 나타났다.

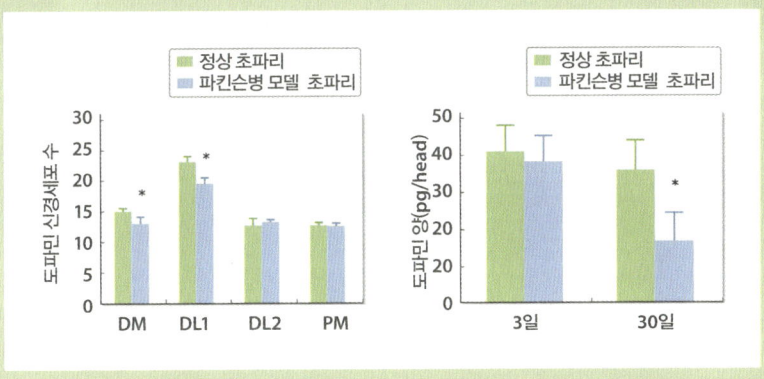

파킨슨병 모델 초파리에게서 뇌에 분비되는 도파민 양이 많이 감소했다.

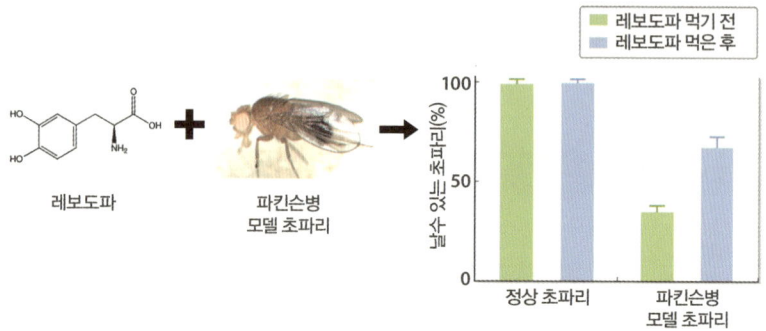

파킨슨병에 걸린 초파리에 레보도파를 먹이면 운동능력이 회복되는 것으로 나타났다.

저하되었던 운동능력이 회복되는 것을 볼 수 있습니다.

한편, 연구를 하다 보면 종종 예상 밖의 것들을 발견하게 되는데, 초파리 날개가 달려 있는 등 부분이 이상했습니다. 정상 초파리의 등은 매끄러운데, 파킨슨병에 걸린 초파리의 등은 구조가 울퉁불퉁하게 되어 있었습니다. 이것은 왜 그런 것일까요? 우리도 의문을 갖고 있다가, 초파리 등껍질 아래에 들어 있는 근육에 이상이 있을 것이라는 가설을 세우게 되었습니다.

정상적인 초파리와 파킨슨병에 걸린 초파리의 등 근육을 전자현미경으로 살펴보았습니다. 핑크1 유전자와 파킨 유전자를 없앤 모델 초파리의 경우는 근섬유가 엉망으로 파괴되어 있는 것을 관찰할 수 있었습니다. 정상 초파리에게서는 미토콘드리아가 점처럼 근섬유 사이에 많이 있는데, 파킨슨병에 걸린 초파리에서는 너무 엉망으로 망가져 있어서 정상적인 근섬유는 물론이며 미토콘드리아도 거의 찾아볼 수가 없었습니다. 이 실험으로 파킨슨병의 발생에 미토콘드리아가 중요한 역할을 하는 것이 아닐까, 하는 생각을 하게 되었습니다.

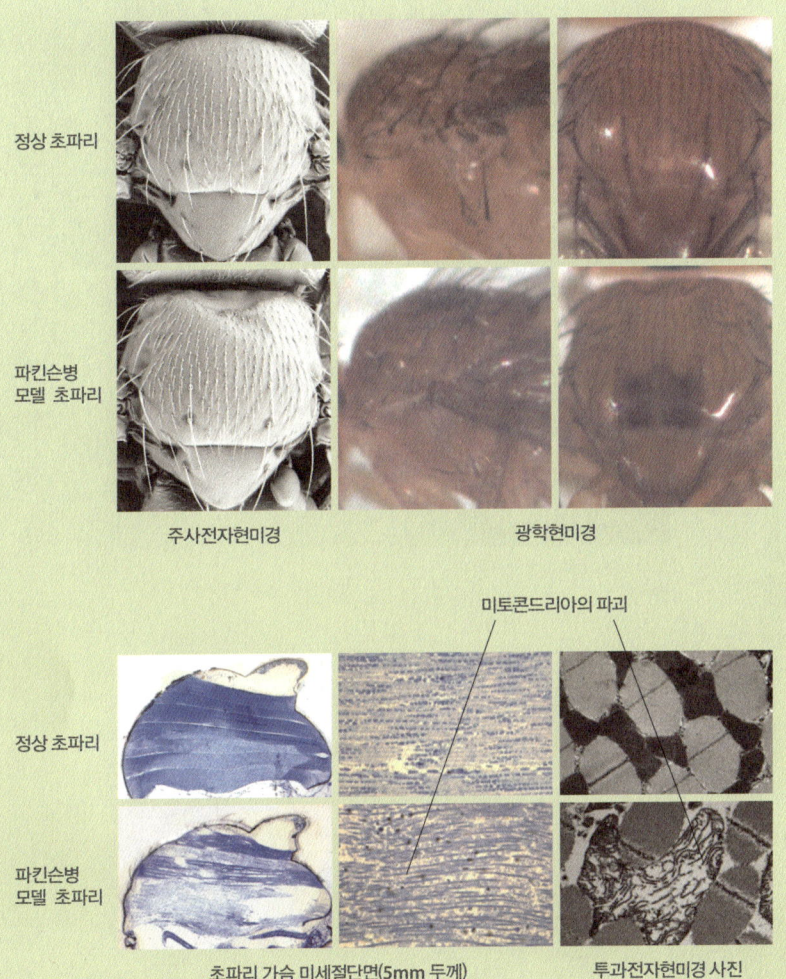

파킨슨병에 걸린 초파리의 경우 등껍질 아래에 들어 있는 근육에 이상이 생겼다.

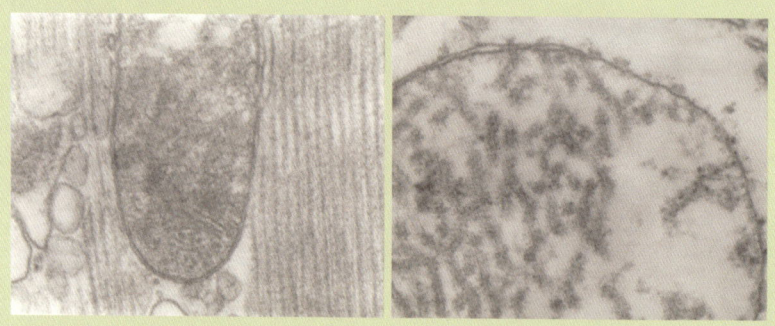

파킨슨병 모델 초파리의 미토콘드리아는 이중막이 파괴되어 있는 등 손상되어 있다.

미토콘드리아란 무엇인가?

미토콘드리아는 세포 속에 들어 있는 소기관 중 하나입니다. 미토콘드리아는 아주 중요한 역할을 합니다. 세포 호흡을 통해 ATP라는 에너지를 만듭니다. 그래서 미토콘드리아가 잘못되면, 세포가 필요한 에너지를 충분히 만들지 못하게 되고, 궁극적으로는 세포가 죽습니다. 이를 세포사멸(혹은 세포 자살)이라고 합니다. 파킨슨병의 증상과 미토콘드리아 사이에 어떤 상관관계가 있을 것이라고 유추할 수 있는 부분입니다.

우리 연구실은 초파리 뇌의 도파민 신경세포에서 미토콘드리아를 더 자세히 보게 되었습니다. 먼저 미토콘드리아를 관찰할 수 있도록, 도파민 신경세포 속에 녹색형광 단백질(GFP)을 발현하여 미토콘드리아로 가게 만들었습니다. 관찰해보니, 정상 초파리의 미토콘드리아는 전체적으로 세포 속에서 폭넓게 분산되어 있는 반면, 파킨슨병 모델 초파리의 미토콘드리아는 크게 덩어리져 뭉쳐 있었습니다. 전자현미경으로 보면, 미토콘드리아는 이상하게 퍼져 있거나, 괴기스런 모양으로 생겼습니다.

더 자세히 관찰해보니, 정상 초파리 근육에서 미토콘드리아는 이중막으로 싸여 있는 반면, 파킨슨병 모델 초파리의 근육에서 미토콘드리아를 분리해서 보면, 막이 하나밖에 없거나 이중막이 모두 파괴되어 있었습니다. 당연히 미토콘드리아의 내부는 엉망이었습니다.

우리는 미토콘드리아를 보호하는 유전자들을 억지로 발현시키면 어떻게 될지 궁금했습니다. 파킨슨병 모델 초파리의 근육에서 미토콘드리아를 보호하는 유전자를 임의로 발현시켜보았더니 신기하게도 미토콘드리아가 정상 모양으로 회복되고 기능도 살아났습니다. 거기에 맞춰서 근육세포도 정상으로 회복되었고, 초파리의 운동능력도 좋아졌습니다.

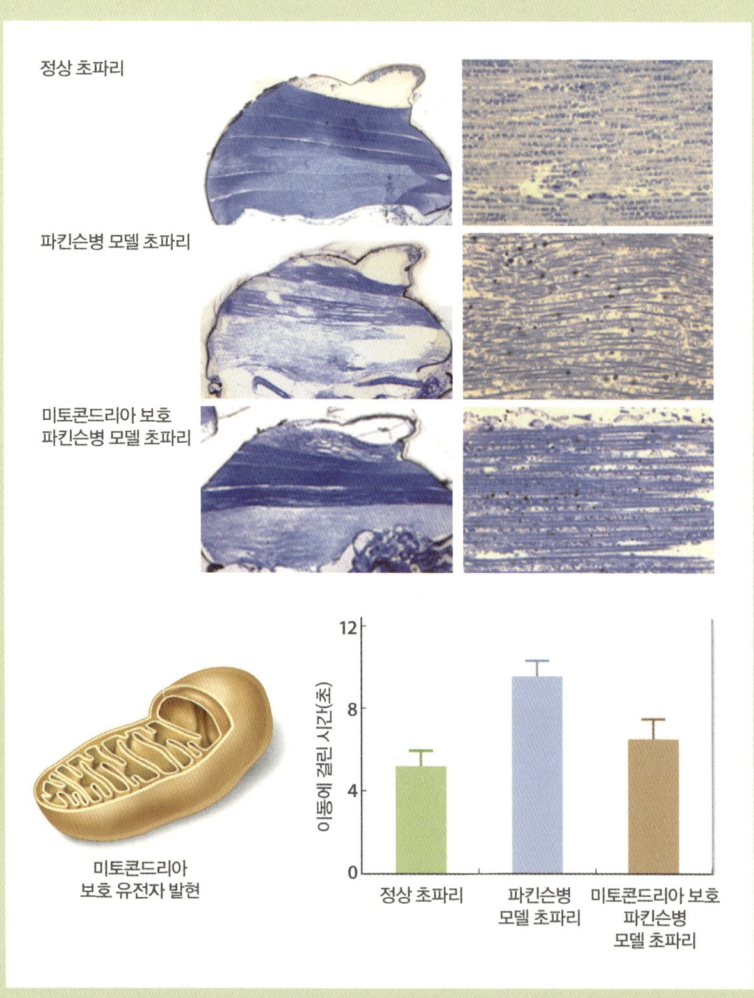

미토콘드리아를 보호하는 유전자를 억지로 발현시키면, 초파리의 운동능력이 좋아진다.

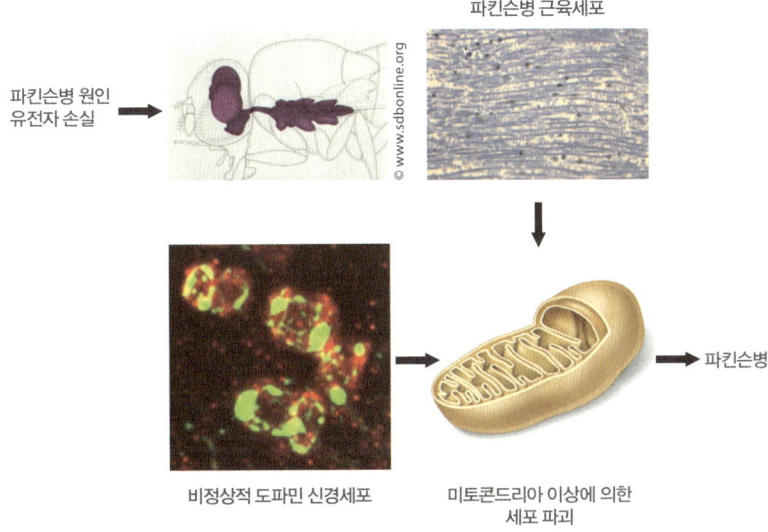

미토콘드리아의 이상과 파킨슨병의 연관성을 밝히는 연구가 한창 진행 중이다.

결론적으로, 우리 연구는 핑크1 유전자와 파킨 유전자가 잘못되면 도파민 신경세포와 근육에서 미토콘드리아가 망가지게 되고, 그로 인해 도파민 신경세포와 근육세포가 파괴되어 파킨슨병이 생긴다는 가설을 처음으로 제기했습니다. 후속 연구로 이러한 우리의 학설이 사실임을 밝히는 연구를 계속 진행하고 있습니다.

더 나아가 미토콘드리아를 보호하는 유전자를 발현시키면 파킨슨병에 걸렸던 초파리를 살릴 수 있는 것처럼, 사람의 도파민 신경세포에서 미토콘드리아가 파괴되지 않도록 하는 약을 만드는 것을 연구하고 있습니다. 만약 그렇게 된다면, 새로운 파킨슨병 치료제를 개발하게 되어 죽어가는 수많은 파킨슨병 환자를 구할 수 있을지도 모릅니다. 최근 연구에 따르면, 환경적인 요인에 의해 생기는 파킨슨병 환자에게도 역시 미토콘드리아에 이상이 있는 것으로 밝혀졌습니다. 그래서 우리 연구가 좀 더 진행되면, 결국 유전적 파킨슨병뿐 아니라 환경적 요인에 의해 생기는 파킨슨병 환자의 질병도 치료할 수 있지 않을까, 하고 생각하고 있습니다.

식물 생명공학은 어떤 미래를 보여주는가

최양도 전 서울대학교 농생명공학부 교수 서울대학교에서 농화학을 전공했으며, 미국 노스웨스턴대학교에서 분자세포생물학으로 박사학위를 받았다. 한국과학기술연구원(KIST) 연구원을 거쳐, 서울대학교 농생명공학부 교수로 재직했다. 식물의 자기 방어 원리에 관심을 가지고 있으며, 현재 메틸자스몬산을 통한 유전자 조절을 연구하는 중이다. 한국식물생명공학회장(2009~2010), 한국분자·세포생물학회장(2011년)을 역임하였으며, 대한민국학술원상(2007년), 대한민국최고과학기술인상(2008년) 등을 수상했다. 저서로는 『식탁 위의 생명공학』(공저) 등이 있다.

인류가 땅을 경작해 곡식을 얻는 데에는 1만여 년의 시간이 걸렸다.

인류가 잡초에서 옥수수를 만드는 데에는 5000~1만 년 정도의 시간이 걸렸습니다. 우리에게 유용한 품종을 만들어내는 기술을 육종 기술이라고 합니다.

나폴레옹이 집권하던 시절, 1798년 토머스 로버트 맬서스(Thomas Robert Malthus)는 『인구론』을 발표했습니다. 그는 지구 상의 인구가 기하급수적으로 늘어나는 데 비해 식량은 그 속도를 따라가지 못하고, 급기야 인류는 멸망하고야 말 것이라고 주장했습니다. 그로부터 200년이 지났습니다. 많은 어려움이 있었지만, 맬서스가 예언한 비극은 일어나지 않았습니다. 기술의 발전이 수요를 충족시켜왔기 때문입니다. 그러나, 이 순간에도 맬서스가 예언한 위기는 알게 모르게 가까이 다가오고 있습니다.

위기에 처한 녹색혁명

1950년경 보리나 밀의 키는 사람의 턱에 닿을 만큼 컸습니다. 비바람이 불면 쉽게 쓰러졌고, 보리와 밀에 달려 있는 곡식 알갱이의 수도 많지 않았습니다. 그런데 요즘의 보리나 밀의 키는 사람의 허리춤에도 닿지 않습니다. 곡식 알갱이의 수도 많아졌고, 비바람이 불어도 쉽게 쓰러지지 않습니다. 이는 1950년에서부터 2000년 사이에 진행된 녹색혁명 때문에 가능해졌습니다. 새로운 품종 개발은 식량 위기를 해결하는 녹색혁명을 일으켰던 것입니다.

녹색혁명을 가능하게 했던 기술은 두 가지가 더 있습니다. 1950년대 후반에 접어들면서 화학 산업의 발달로, 농약과 비료의 대량 생산이 가능해졌습니다. 또 다른 하나는 수리관계 시설의 발달입니다. 새로운 종자, 농약과 비료, 수리관개 시설, 이 세 가지가 어우러져 식량 생산량을 기존보다 거의 2배 가까이 증대시킬 수 있었습니다.

그러나 21세기에 접어들면서 이 세 가지 기술은 상당한 위험에 직면하고 있습니다. 새로운 종자를 만들어내는 기술은 하향 곡선을 보이기 시작했습니다. 여러분도 알다시피, 육종의 원리는 간단합니다. 교배를 시키고자 하는 두 식물체가 있으면, 두 식물체의 꽃가루를 서로 묻히면 됩니다. 그러다 보니 전 세계에 있는 이 분야의 사람들이 달려들어 손에 넣을 수 있는 모든 꽃가루들을 가지고 실험을 해보았습니다. 그 결과 20세기 후반부터 교배를 시도하지 않은 식물체가 없게 되었습니다. 당연히 육종 기술도 고개를 숙이기 시작했습니다. 또 최근에는 삶의 질을 향상시킬 목적으로, 농약과 비료의 사용을 지극히 제한하고 있습니다.

잦은 기상 이변으로, 우리나라도 지금 물 잠재적 부족 위험 국가로 분류되고 있습니다. 물이 점점 부족해지고, 급격한 산업화로 농토는 점점 줄어들고 있습니다. 즉 농업 환경이 굉장히 나빠지고 있는 겁니다.

2000년부터 2004년까지의 세계 곡물 재고량만 봐도, 599백만 톤에서 362백만 톤으로 뚝 떨어졌습니다. 식량은 1%만 부족해도 폭동이 일어나고, 1%만 남아돌아도 파동이 일어납니다. 세계식량농업기구에서 권장하는 식량재고량은 1년에 필요한 양의 16% 정도입니다. 가뭄이나 기상이변이 생겼을 때 식량 생산량은 10% 정도 감소하는데, 두 번 정도는 참을 만하지만, 세 번 이상은 참지 못하기 때문입니다. 그래서 통상 16% 정도를 권장합니다. 2004년의 세계곡물재고량은 16% 정도입니다. 그전까지는 상당한 여유가 있었습니다만, 5년 사이에 굉장히 빠른 속도로 감소하였습니다.

문제는 이렇게 재고가 감소하는 이유가 생산 때문이 아니라, 소비의 증가 때문이라는 겁니다. 더구나 인간의 평균수명은 생명공학의 발달로 늘어나고 있습니다. 생명과학 기술의 발달이 가져온 결과는 생명공학 기술로 해결해야 하지 않겠는가, 하는 것이 시대적인 요구라 할 수 있습니다.

새로운 품종은 어떻게 만들어지는가

21세기는 생명공학의 시대라고 이야기합니다. 생명공학은 20세기까지만 하더라도 '생물체를 산업적으로 이용하는 기술 및 학문'으로 정의하였지만, 21세기에 접어들면서 생명공학이 발달함에 따라 '유전 정보의 개조를 통해 경제적인 요구에 부응하는 기술 및 학문'으로 정의하기도 합니다. 비교적 광범위하고 점잖은 의미에서, 굉장히 공격적인 의미로 변화한 것입니다.

생명공학 기술을 이용해서 만들어진 최초의 품종은 토마토입니다. 대

최초의 생명공학 작물은 토마토이며, 시장에 유통된 첫 상품은 '플레이버 세이버'다.

개 우리가 먹는 토마토는 익지 않은 초록 토마토 상태에서 수확됩니다. 토마토에 붉은색이 돌기 시작하면 2~3일 내로 물러지기 때문에, 상품으로 유통시키기 위해 미리 따는 겁니다. 이 토마토는 마트에 도착할 때가 되면 약간 붉은 빛이 돌기 시작하고, 마트에서 구입해 집에 가져다 놓으면 먹을 수 있을 정도로 빨갛게 변합니다. 그런데 익지 않은 토마토를 따서 집에서 익히니까 토마토의 맛이 떨어집니다.

이런 상황에 착안해, 1994년 쉽게 물러지지 않는 토마토가 만들어졌습니다. 이 토마토는 넝쿨에서 완전히 익은 상태에서 수확하기 때문에 맛과 향이 그대로 보존됩니다. 그래서 풍미가 살아 있다는 의미에서 상품명도 '플레이버 세이버(Flavr Savr)'입니다. 이런 농산물을 유전자 변형 농산물이라고 합니다. 일본 사람들은 유전자 조작 농산물 혹은 유전자 재조합 농산물이라고 부릅니다. 요즘은 생명공학 종자 혹은 생명공학 농산물이라는 이름으로 불리기도 합니다. 영어로는 'Genetically Modified'라고 해서 GM 농산물이라고 부릅니다. 신문이나 방송에서 유전자 변형 혹은 유전자 재조합 농산물이라고 하는 것들이 바로 생명공학 기술로 만들어낸 신품종 종자입니다.

쉽게 물러지지 않는 토마토에는 고형분이 훨씬 많습니다. 기존 품종의 토마토로 케첩과 같은 가공 제품을 만들면, 고형분이 있는 부분과 액체 부분이 갈라져서 흘러내리는 것을 볼 수 있습니다. 반면 고형분이 높은 토마토로 케첩을 만들면 훨씬 걸쭉합니다. 주르륵 흘러내리지도 않고, 맛도 훨씬 더 좋습니다.

이렇게 만들어진 생명공학 작물은 1996년에 본격적으로 상업적인 재배를 시작한 이후, 불과 15년 남짓한 기간 동안에 가파르게 성장했습니다. 미국, 캐나다, 아르헨티나, 브라질, 오스트레일리아, 인도, 중국, 스페인, 독일 등 28개국에서 약 1억 7000만ha 이상 재배되고 있습니다. 작물별로는 콩이 제일 많고, 그 다음으로 옥수수, 목화, 유채가 주류를 이루고 있습니다. 이들 작물의 경우 이미 53%가 생명공학 작물로 재배되고 있습니다. 장차 약 80%가 새로운 종자로 바뀌게 된다는 예측도 하고 있습니다.

그렇다면 생명공학 기술로 어떻게 새로운 종자를 만드는 것일까요? 이 기술의 실체를 이해하게 되면, 이 기술이 지니고 있는 과학적 잠재력을 이해할 수 있을 겁니다.

생물의 특성은 유전자에 의해 결정됩니다. 그리고 바람직한 특성을 결정하는 유전자를 유용유전자라고 이야기합니다. 유용유전자는 지구 상의 생물에서 기원하는 것으로, 인간이 만들어내기는 어렵습니다. 그래서 미생물, 식물, 동물 등에서 유용한 특성을 결정하는 유전자를 분리합니다. 그 다음 우리의 목적에 맞게 유전자를 재조합합니다. 그리고 재조합 유전자를 식물 세포에 이식시킵니다.

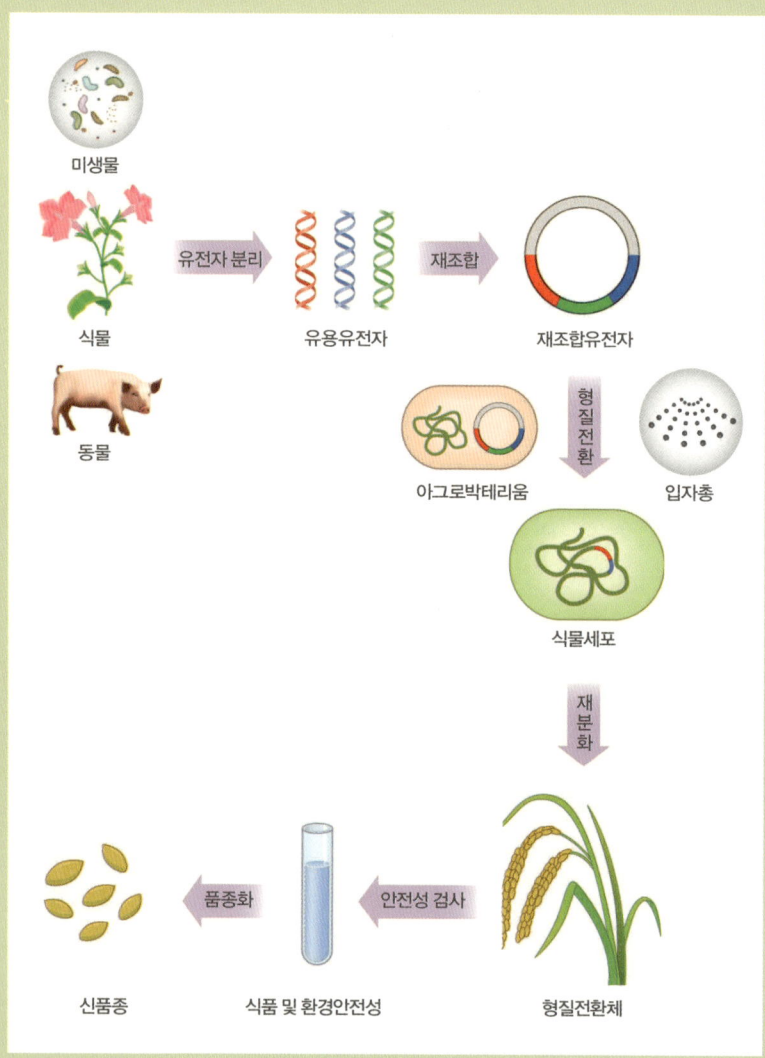

육종의 원리

사실 유전자 재조합은 새로운 기술이 아닙니다. 이것은 생명의 탄생과 더불어 시작된 현상입니다. 예컨대, 같은 부모에게서 태어나지만, 형제들은 조금씩 다른 모습을 보입니다. 이것은 모두 부모의 유전자를 자식에게 물려줄 때 유전자가 재조합되기 때문에 생기는 현상입니다. 그러니까 유전자 재조합이라는 것은 어제 오늘의 이야기가 아니고, 차이가 있다면 과학자들은 특정한 목적을 위해 시험관 안에서 재조합한다는 것뿐입니다. 그만큼 유전자 재조합은 보편화되어 있는 기술입니다.

재조합된 유전자를 식물세포로 이식시키는 과정도 지극히 간단합니다. 아그로박테리움(*Agrobacterium*)이라고 하는 미생물의 힘을 빌려서 유전자를 이식시킵니다. 혹은 미생물 정도 크기의 미세한 금속 입자에 코팅시킨 재조합 유전자를 높은 압력으로 총알처럼 쏘면 식물세포 안으로 유전자가 전달됩니다.

세포에 유전자를 이식시키면, 새로운 유전자가 들어갔기 때문에 세포의 특성이 변화하게 됩니다. 이처럼 세포의 특성이 변화되는 것을 형질전환이라고 합니다. 형질전환된 세포를 배양하면, 세포 하나에서 완전한 식물체가 얻어집니다.

동물의 경우, 하나의 세포에서 하나의 개체를 만들어내는 기술이 보편화된 것은 얼마 되지 않습니다. 복제양 돌리가 하나의 세포에서 완전한 동물을 얻은 최초의 사례라 할 수 있습니다. 반면 식물의 경우, 길게는 1만 년 전부터, 짧게는 200년 전부터 기술이 발달해왔습니다. 이것은 식물의 특성이기도 합니다. 꺾꽂이를 예로 들어보겠습니다. 식물을 꺾어서 땅에 꽂아두면, 뿌리가 자라나 다른 개체의 생물이 됩니다. 하나의 세포에서 하나의 식물이 분화되는 것은 이처럼 굉장히 보편적인 기술입니다. 이것을 다른 말로 '재분화'라고 합니다. 분화가 이미 이루어진 뿌리 혹은 잎과 같은 한 개의 세포에서 다시 뿌리도 나오고, 잎도 나오는 등 분화되는 과정을 거친다고 해서 '재분화'라고 부릅니다. 또 형질전환이 되었다고 해서, 이 생물체를 형질전환체라고도 부릅니다.

그 다음에는 처음 유용유전자를 사용할 때 염두에 두었던 것과 이 형질전환체의 특성이 일치하는지를 검사해야 할 것입니다. 검사 결과, 계획했던 바로 그 식물이라는 것이 확인되면, 이제 안전성 검사를 하게 됩니다. 식품 혹은 환경에 미치는 영향을 검사하는 것입니다. 만약 안전하다고 확인되면 품종화를 통해 상품화하게 됩니다.

전체적으로 보면 굉장히 긴 과정으로 보입니다만, 각 단계별로 보면 주변에서 흔히 벌어지고 있는 지극히 자연스러운 작업으로 연결되어 있습니다.

특정 회사나 특정 연구자가 새로운 품종을 만들어낼 때, 가장 관건이 되는 것은 유용한 특성을 결정하는 유전자를 누가 효과적으로 찾아서 활용하느냐는 것입니다. 자신이 발견한 유전자가 더 좋은 특성을 지녔다면, 산업적으로 그만큼 더 유리해지는 것입니다. 실제로 새로운 품종을 만들어내는 연구의 60% 이상은 새로운 유전자를 찾는 데 집중되어 있습니다. 새로운 품종을 만들어내는 과정에서 새로운 유전자를 찾기 위해 모든 기술을 총동원해서 역량을 집중시키는 것이 21세기 식물 생명공학의 현주소입니다.

생명공학 작물의 몇 가지 사례

이렇게 만들어진 생명공학 작물 몇 가지를 소개해보겠습니다.

하나는 제초제 저항성 콩입니다. 밭에 제초제를 뿌리면, 잡초는 죽지

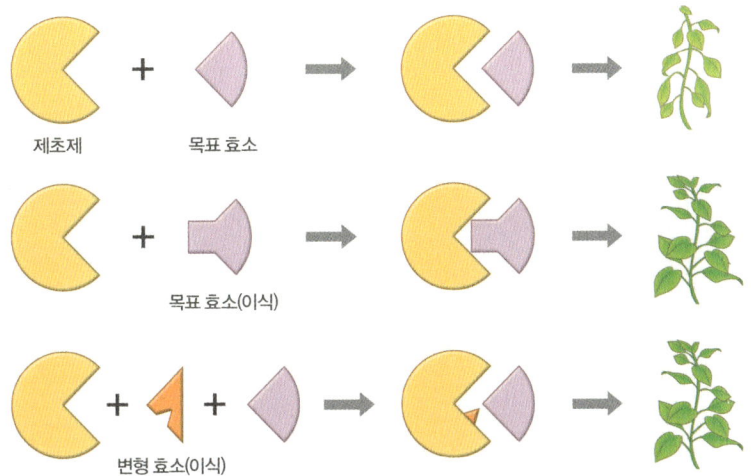

제초제 저항성 GM 작물은 제초제를 변형시키는 효소를 이식시켜서 만들 수 있다.

만 콩은 멀쩡하게 살아 있습니다. 생명공학 품종을 사용하면 이렇게 제초제를 잘 견딥니다. 어떤 사람들은 독한 제초제를 뿌려도 죽지 않는 콩을 사람이 어떻게 먹느냐며 반문합니다. 이 콩은 독해서 죽지 않는 것이 아니라, 오히려 적극적으로 제초제를 분해하기 때문에 제초제에서 살아남을 수 있었던 겁니다. 더 환경친화적이고, 더 깨끗한 농산물을 먹을 수 있다는 장점을 가지고 있습니다.

제초제에 저항성을 보이는 원리는 지극히 간단합니다. 대개 식물세포 속에는 식물체가 살아가기 위해 반드시 필요한 효소가 있습니다. 이 효소가 제초제와 결합하기 때문에 식물체가 말라죽습니다. 이 제초제를 극복하는 방법은 제초제를 변형시키는 효소를 이식시키는 겁니다. 물론 이 효소는 자연계에서 분리한 것입니다. 대부분의 경우, 미생물에서 분리한 유전자를 씁니다. 제초제 변형 효소를 이식하게 되면 제초제를 분해시키거나 작용하지 못하게 합니다. 그 결과 제초제를 치더라도 이 식물체는

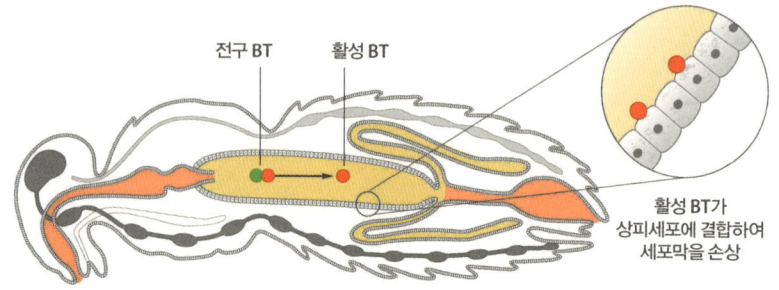

미생물에서 추출한 BT단백질은 곤충을 죽이는 효과를 지닌다.

살아남게 되고, 변형 효소가 없는 잡초들은 죽게 됩니다.

농업을 조금이라도 아는 사람이라면 쉽게 이해하는데, 제초제를 치지 않으면 현실적으로 농사를 지을 수가 없습니다. 지금은 제초제를 칠 경우 자연이 그것을 분해시킬 때까지 기다릴 수밖에 없습니다. 미처 분해되지 않으면, 이른바 잔류 농약이라는 문제를 일으킵니다. 반면 신품종은 적극적으로 제초제를 분해하는 능력을 지녔기 때문에 잔류 농약으로부터 훨씬 자유로울 수 있습니다.

또 다른 예는 벌레가 먹지 않는 옥수수 품종이 있습니다. 일명 해충저항성 옥수수입니다. 일반 품종의 옥수수는 벌레가 한 번 지나가면 아주 황폐해집니다. 그러나 생명공학 품종은 비교적 싱싱하게 자랍니다. 이 옥수수 품종에 대해서도 비판이 들끓었습니다. 벌레조차 먹지 않는, 벌레가 먹으면 죽는 옥수수를 어떻게 사람이 먹느냐는 겁니다.

해충저항성 옥수수의 원리도 지극히 간단합니다. 바실러스 튜린겐시스(*Bacilus thuringiensis*)라는 미생물이 있습니다. 이 미생물은 상당히 많은 양의 BT 단백질을 생산해냅니다. 이 BT 단백질은 곤충을 죽이는 효과를 가지고 있습니다. 그래서 50여 년 전부터 이 미생물을 배양해서 생물 농약으로 사용했습니다. 캐나다에서는 3년 동안 산에 병해충이 생기면 이것을 배양해 항공기로 살포합니다. 그만큼 안정성이 증명된 생물 농약입니다. 유기농업에서도 사용이 허가된 미생물 농약입니다.

식물공학자들은 이 미생물에서 BT 단백질을 암호화하는 유전자를 골라냈습니다. 그 유전자를 식물에 이식시켜서, BT 단백질을 생산하게 한 것이죠. 그래서 곤충이 먹으면 죽게 됩니다. 그러나 곤충과 사람은 생리가 다릅니다. 식물에서는 전구 BT라고 해서 비활성화된 상태에서 합성이 됩니다. 이것이 곤충의 위 속에 들어가게 되면, 곤충의 위는 사람과 다르게 약알칼리성이기 때문에, 전구 BT가 활성화되는 과정을 거칩니다. 활성화된 BT 단백질이 생기면 이것은 곤충 장 표면의 수용체와 결합하여 세포막을 손상시켜 결국 세포를 죽입니다. 그런데 사람은 이 수용체를 가지고 있지 않습니다. 그뿐만 아니라 사람의 위 속에서는 전구 BT가 활성화되는 일도 없습니다. 사람의 위는 강산성이기 때문에 소화효소들에 의해 분해되고 맙니다. 사람의 입장에서 보면 이 BT 단백질은 어디까지나 단백질에 불과합니다. 따라서 얼마나 더 광범위한 해충에 작용하는 BT 유전자를 확보하느냐 하는 것이 바로 이 기술에서의 핵심 관건입니다.

옥수수 표면에는 곧잘 곰팡이가 낍니다. 옥수수를 공격하는 푸사리움(*Fusarium*) 곰팡이는 주로 해충들이 옮깁니다. 해충이 옥수수를 갉아먹는 과정에서 옮기는 것입니다. 많은 사람들은 곤충들이 해충저항성 옥수수를 먹고 죽으면 종 다양성이 없어지지 않겠느냐고 염려합니다. 그런데 곤충은 나쁜 것이면 해롭다는 것을 알고 잘 먹지 않습니다. 그래서 해충은 BT 단백질을 생산하는 옥수수를 싫어해서 먹지를 않습니다. 그 결과 곰팡이도 옮기지 않습니다.

곰팡이는 푸모니신(fumonisin)이라는 독소를 생산합니다. 푸모니신은 쥐에게 암을 일으키는 물질로 증명된 독소입니다. 그래서 해충저항성 옥수수를 재배하게 되면 곤충이 이런 푸사리움과 같은 곰팡이를 옮기는 기회가 확실히 줄어듭니다. 인간은 미생물 독소로부터 더 자유로울 수 있는 이점을 가지게 되는 것입니다.

식용유 특성 개선도 생명공학 작물의 대표적인 사례입니다. 많이들 식용유에는 불포화지방산이 많기 때문에 좋다고 이야기합니다. 그런데 불포화지방산이라고 해서 다 좋은 것은 아닙니다. 1~2가 지방산은 건강에 좋은 것은 분명하지만, 3~4가 지방산이 되면 그 자체로 해롭지는 않지만 유통 과정에서 쉽게 산폐됩니다. 그러면 산폐 결과로 생긴 과산화물이 인간에게 치명적인 독소로 작용할 수 있습니다. 콩기름의 경우, 다가 지방산이 8% 정도 들어 있습니다. 금방 산폐되기 때문에 그 상태로는 도저히 유통시킬 수가 없습니다. 그래서 '수소화'라는 과정을 거쳐 다가 불포화지방산을 줄입니다. 이 과정에서 트랜스 지방이 생성됩니다. 그런데 아무리 정제를 하더라도 화학처리를 하고 남은 물질은 인간에게 좋을 리 없습니다.

유전자 재조합 기술은 이런 다가 지방산을 생합성하는 유전자를 억제시킵니다. 그러면 1~2가 불포화지방산은 많아지는 반면, 우리 몸에 좋지 않은 다가 불포화지방산의 생산은 줄일 수 있습니다. 훨씬 더 건강에 좋은 식용유를 먹을 수가 있는 겁니다. 흔히들 올리브유가 가장 좋다고 생각하는데, 사실 올리브유는 가격만 비쌀 뿐 영양학적으로도 다른 것들보다 특별히 좋은 이유가 없습니다. 반면에 유채유는 다가 불포화지방산이 적기 때문에 '수소화' 과정이 불필요합니다. 그래서 동양 사람의 시각으로 보면, 식용유로는 카놀라유가 가장 좋아 보입니다.

베타카로틴이 들어 있는 황금쌀

한때 두뇌 발달을 돕는다고 해서 DHA, EPA 등 오메가-3 지방산이 유행한 적이 있습니다. 현재로선 이 지방산은 물고기에게서만 섭취할 수 있습니다. 그러나 오메가-3 지방산을 생합성하는 유전자를 콩에 이식하면 콩기름에서도 이런 오메가-3 지방산을 얻을 수가 있습니다.

혹시 황금쌀에 대해 들어본 적이 있나요? 세계 인구 가운데 기아에 허덕이는 인구는 약 8억 명 정도 됩니다. 이 8억 명 중에서 6억 명이 쌀을 주식으로 하는 지역에 살고 있습니다. 기아로 고통 받는 사람들은 먹을 게 없다 보니 영양 상태가 지극히 불량합니다. 그중에서도 비타민 A 결핍이 심합니다. 쌀에는 비타민 A가 없습니다. 그래서 비타민 A 결핍증에 걸린 어린이가 2억 5000명 정도 되고, 매일 3000명의 어린이가 비타민 A 결핍으로 죽어가고 있습니다.

이 어린이들이 먹는 것은 쌀밖에 없기 때문에 이 쌀을 통해 비타민 A를 공급해야겠다는 생각을 하게 되었습니다. 그래서 베타카로틴을 생합성하는 데 필요한 유전자 2개를 쌀에 이식했습니다. 베타카로틴은 비타민 A가 되기 바로 전단계 물질입니다. 사람이 먹으면 비타민 A가 됩니다. 유전자 2개를 이식해보니, 베타카로틴이 들어 있는 당근같이 색깔이 주황색인 쌀을 얻을 수 있었습니다. 이 쌀이 바로 '황금쌀(Golden rice)'입니다.

이 기술은 기아에 허덕이는 나라의 어린이를 위해 개발한 기술입니다. 그런데 이들 나라는 로열티를 주면서까지 황금쌀을 사갈 형편이 못 됩니다. 그래서 황금쌀과 관련된 특허가 12개 정도 되는데, 특허권을 가진 사람들이 모여서, 국민소득이 1만 달러 이하인 나라에게는 이 기술을 무료로 주자고 결의한 바 있습니다. 지금 필리핀에서 종자를 증식시키고 있습니다.

소비자들은 유전자 재조합 식품을 좋아하지 않습니다. 이들이 좋아하지 않는 이유는 '제초제를 쳐도 죽지 않는 독한 콩'이라는 비난처럼 오해에서 비롯된 경우가 많습니다. 황금쌀이 나왔을 때에는, 비타민 A의 양이 적기 때문에 부족한 영양분을 채울 수 없다는 비판도 제기되었습니다. 그래서 베타카로틴의 양을 30배 증가시키기도 했습니다. 그러나 비타민 A는 결핍되어도 문제이지만 과다섭취하면 좋지 않은 영양분이기 때문에, 베타카로틴의 양을 무조건 증가시키는 것은 좋은 선택이 아닙니다.

생명공학 작물의 미래

그러면 미래에는 어떤 것들이 가능할까요? 복합 병 저항성 작물, 카페인 없는 커피와 차, 니코틴 없는 담배, 모르핀 없는 양귀비, 청색목화, 일시 수확 커피, 조기 수확 오렌지, 식용 백신 등 아주 다양하게 상상할 수 있습니다.

시중에 나온 카페인 없는 커피는 가공 과정에서 카페인을 제거한 커피입니다. 그 과정에서 맛과 향기가 같이 제거되었습니다.

그러나 생명공학 기술을 이용하면 카페인이 생합성되는 과정에 작용하는 효소 유전자 한 개의 기능을 억제할 수 있습니다. 그러면 카페인만 안 만들어집니다. 맛과 향기가 그대로 살아 있는 카페인 없는 커피를 만들 수 있는 것입니다.

니코틴이 없는 담배도 시중에 물론 나와 있습니다. 잘 안 팔립니다. 그 이유는 니코틴을 제거하면서 다른 맛과 향기도 같이 제거되었기 때문입니다. 단적으로 말해 맛이 없어서 안 팔리는 겁니다. 그러나 생명공학 기술을 이용하면, 니코틴이 생합성되는 과정에 있는 효소 유전자 한 개만 억제해서, 니코틴만 안 만들어지는 담배를 만들 수 있습니다.

생명공학 기술로 모르핀이 없는 양귀비를 만들어낼 수 있습니다. 왜 난데없이 모르핀 얘기를 하느냐 하는 생각이 들 겁니다. 심장병 환자들이 먹을 수 있는 유일한 식용유가 양귀비 기름입니다. 그러나 양귀비에는 모르핀이 있어서, 기름을 구할 수도 없고 팔아서도 안 됩니다. 만약 모르핀을 생합성하는 과정에 있는 효소 유전자를 찾아서, 그 유전자를 없애면 모르핀은 안 만들어지고 다른 것은 전부 그대로인 양귀비를 만들어낼 수 있습니다. 심장병 환자들에게는 굉장히 기쁜 소식이 될 것입니다.

청색목화가 만들어진다면 어떻게 될까요? 목화는 흰색입니다. 그래서 청바지를 만들려면 청색으로 염색해야 합니다. 염색 산업이 얼마나 환경에 악영향을 미치는지 대충 아시죠? 염색 산업은 21세기에는 맞지 않는 산업입니다. 만약 청색목화를 만들 수 있다면, 수확해서 그대로 천을 짜면 청색 천이 되고, 바지를 만들면 청바지가 될 것입니다.

또 한 가지 재미있는 생명공학 작물은 지뢰를 색출하는 식물입니다. 덴마크의 한 회사는 화학성분이 가까이에 있으면 빨갛게 변하는 식물을 만들었습니다. 땅에 풀씨를 뿌려놓으면, 근처에 화학성분이 있는 곳일 경우 식물이 빨갛게 자랍니다. 그러면 그 식물들을 보고 지뢰를 제거하면 됩니다.

식용 백신은 말 그대로, 백신 효과가 있는 식물입니다. 주사를 맞는 대신 백신과 동일한 효과를 내는 상추나 토마토를 먹는 것입니다. 최근에는 인슐린의 분비를 촉진시킬 수 있는 쌀도 개발되고 있습니다.

생명공학 기술은 기술적으로는 큰 어려움이 없습니다. 진정한 어려움이 있다면, 원하는 목표를 이룰 수 있는 유전자를 어떻게 찾아낼 것인가, 어떻게 사용할 것인가 하는 부분에 있습니다. 대부분의 생명공학자들이 이 부분에 상당한 노력과 시간을 쏟아붓고 있습니다.

생명공학 작물의 득과 실

기술에는 항상 양면성이 있습니다. 자동차가 매연을 만들고 교통사고를 일으킨다고 해서 우리가 자동차를 포기할 수 없는 것처럼 말입니다. 자동차는 물건을 실어나르고, 공간을 빠르게 이동할 수 있게 하는 장점을 가지고 있습니다. 다시 말해 기술이라는 것은 누가 어떻게 활용하느냐에 따라 그 결과가 달라집니다. 식물 생명공학 기술도 우리가 그것을 적극적으로 이해하려고 하고, 활용하려고 하고, 더 나아가 새로운 기술을 개발하려고 했을 때, 학문적·기술적으로 상당히 잠재력이 있는 분야가 되는 것입니다.

생명공학 작물이 우리에게 주는 이득은 무엇일까요? 먼저 수확량 및 농업 생산성이 증가해서 농산물의 가격이 내려갈 겁니다. 병해충이 감소하고, 농약 사용이 줄어들 것입니다. 백신 또는 카페인 없는 커피처럼 기능성이 강화된 맞춤 주문형 작물의 개발도 가능해질 겁니다.

그러면 단점이 있다면 무엇이 있을까요? 안전성에 대한 의구심과 불확

생명공학 작물은 개발할 때부터 상품화될 때까지, 매우 엄격한 안전성 검사를 거친다.

실성이 있습니다. 비록 과학적으로 안전성이 입증되었다고 하더라도, 뭔가 좀 찜찜하다는 것입니다. 생명공학 작물은 세상에 나온 지 얼마 되지 않았기 때문이지요. 그러나 여러분 가운데 미국에 간 적이 있는 사람이라면, 아마도 거의 100% GM 농산물을 먹었을 겁니다. 왜냐하면 미국의 경우 전체 콩 가운데 GM 콩이 90%를 차지하고 있습니다. GM 작물이라고 따로 표시하지도 않고, 별도로 유통시키지도 않습니다. 많은 이들이 미국은 GM 작물을 수출용으로 만든다고 생각하지만, 실상은 그렇지 않습니다. 미국에서는 GM 작물을 전혀 구별하지 않습니다. 미국에서 먹은 된장, 콩나물, 두부 등은 거의 대부분 유전자 재조합 농산물이었을 겁니다. 미국에 사는 사람들도 지난 15년간 똑같이 GM 작물을 먹고 있습니다.

또 다르게는 윤리적인 문제를 거론합니다. 인간이 마치 신처럼 생명을 함부로 다뤄서는 안 된다는 입장에서 생명공학을 비판하는 것입니다. 그러나 윤리적인 부분을 문제 삼는다고 한다면, 과연 이 기술이 인류 복지에 기여를 하는가, 인간의 권위를 훼손시키는가, 사회 정의를 구현하는 데 장애가 되는가 등의 기준으로 윤리성을 판단해야 할 것입니다.

현재 생명공학 작물은 엄격한 안전성 검사를 거쳐서 제품화됩니다. 제품을 개발하는 초기 단계에서부터 안전성을 염두에 두고 개발합니다. 제품이 다 개발된 뒤에 안전성을 생각한다면 이미 늦기 때문입니다. 그래서 초기단계에서부터 안전성을 고려하고, 제품화·품종화 과정을 거쳐 종자를 생산하고, 농산물이 시장에 나오더라도 시장 추적을 통해 생산된 생명공학 농산물이 문제를 일으키지는 않는지 소비자들이 원하던 것을 충족시키는지 감시, 감독하고 있습니다.

  21세기는 생명공학의 시대입니다. 생명공학 시대에 사는 현대인으로서 현명한 소비자가 되기 위해서는 시시각각 생명공학적인 이슈에 대해 능동적으로 판단할 수 있어야 합니다. 생명공학 작물 기술을 바라보는 시각에는 긍정적으로 보는 시각과 부정적으로 보는 시각이 있습니다. 스스로 판단할 몫이지만, 무조건 비판하기보다는, 식물 생명공학이 우리의 과학적인 생각을 구현하고 실현해볼 수 있는 수단이라는 관점에서 곰곰이 생각해볼 필요가 있습니다.

왜 생물학인가

최재천 이화여자대학교 에코과학부 석좌교수

서울대학교 생물학과를 졸업하고, 미국 펜실베이니아주립대학교에서 석사학위, 하버드대학교에서 박사학위를 받았다. 하버드대학교 전임강사, 미시간대학교 조교수, 서울대학교 교수를 거쳐, 이화여자대학교 에코과학부 석좌교수로 재직 중이다. 초대 국립생태원 원장을 역임했다. 통섭원 원장, 기후변화센터 공동대표, 생명다양성재단 대표를 맡고 있다. 미국곤충학회 젊은과학자상(1989), 대한민국과학문화상(2000)을 수상했다. 학문 간 소통과 과학의 대중화에 관심이 지대하며, 저서로는 『개미 제국의 발견』, 『생명이 있는 것은 다 아름답다』, 『최재천의 인간과 동물』, 『알이 닭을 낳는다』, 『대담』, 『상상 오디세이』, 『통찰』, 『21세기 다윈 혁명』, 『호모 심비우스』, 『다윈지능』, 『과학자의 서재』, 『최재천 스타일』, 『통섭의 식탁』, 『통섭적 인생의 권유』 등 다수다.

이 세상에는 참 많은 종류의 길이 있습니다. 그 길을 가다가 보면 결국 언젠가는 바이오로 만납니다. 이건 제가 이 분야에 속한 사람이라서 하는 말이 아닙니다. 이 세상을 사는 여러분에게 가장 중요한 화두는 무엇입니까? 생명입니다. 우리가 하는 모든 일이 다 생명과 관련됩니다. 그 생명을 연구하는 학문이 생명과학이기 때문에, 생명과학이 학문의 중심이 될 수밖에 없는 건 운명입니다.

기왕에 생명과학이 얼마나 멋진 학문인지 얘기하려고 나선 강연인 만큼, 생물학을 전공하고자 하는 학생들에게 도움이 될 만한 얘기를 풀어 보도록 하겠습니다. 그러다 보니 제 얘기를 할 수밖에 없을 것 같습니다.

국내 최초의 영장류 연구

고등학교 2학년 때의 일이었습니다. 선생님이 존경하는 사람을 적어서 내라고 해서 '타잔'이라고 썼습니다. 선생님은 장난이라고 생각했는지, 교무실로 불러서 크게 야단을 쳤습니다. 그런데 타잔이 얼마나 멋집니까? 낙원 같은 열대 환경에서 기가 막힌 미인과 나무 위의 집에서 살지 않습니까? 사실 저는 타잔을 좋아했다기보다 〈타잔〉 영화에 나오는 배경을 아주 좋아했습니다. '세상에 낙원이 있다면 저곳이겠구나', '이 다음에 기어코 저기를 가야 되겠다' 하고 생각했습니다. 온갖 동물들이 돌아다니고, 나무 위에 집을 짓고, 배고프면 과일을 따 먹는 그곳에 가는 꿈을 키웠던 겁니다. 그리고 열대생물학자가 되었습니다. 거의 30년 가까이, 열대 정글을 돌아다니고 있습니다. 굉장히 행복합니다. 열대에 가 있으면 이 세상 고민이 다 사라집니다. 주변에 돌아다니는 동물들 때문에 정신이 하나도 없습니다. 그래서 저는 어느 글에 "열대의 정글에서 나는 크나

열대 정글에는 관찰하고 연구할 것들로 가득 차 있다.

큰 장난감 가게에 풀어놓은 아이와 같다"라고 쓴 적이 있습니다. 볼 것이 너무나 많고, 만지고 싶은 것이 너무나 많아서, 집에 두고 온 고민을 까맣게 잊어버립니다. 일 년에 몇 번 그러고 나면, 일 년이 또 지나갑니다. 그래서 전 고민하지 않고 사는, 참 이상한 사람 가운데 한 사람입니다. 대체로 생물학자들이 좀 그런 편입니다.

몇 년 전부터, 저는 너무나 하고 싶었던 유인원 연구를 시작했습니다. 동물원 철장 안에 앉아 있는 유인원을 보며 '언젠가 너희들 연구해줄게' 하고 생각했는데, 마침내 하게 된 것입니다. 침팬지는 인간의 유전자를 거의 99% 공유하는 동물입니다. 자연계에서 이렇게 가까운 사촌은 찾아보기 힘듭니다.

2007년부터 저는 아모레퍼시픽재단의 지원으로 인도네시아 구눙할리문살락 국립공원(Gunung Halimun-Salak National Park)에서 자바긴팔원숭이 연구를 시작했습니다. 자바긴팔원숭이는 멸종위기종입니다. 자바긴팔원숭이에 대한 연구는 거의 없었기 때문에, 제가 하는 연구는 모두 새로운 발견이 됩니다. 우리나라에서 유인원의 삶에 대해 쓴 논문은 저희 연구실 논문이 최초의 논문입니다.

21세기에 들어와서 영장류학이 갑자기 각광을 받기 시작했습니다. 지금 모든 학문 가운데 가장 중요해진 학문은 뇌과학입니다. 마지막 남은 프런티어라고도 합니다. 인간이 이렇게 신비한 동물이 된 이유는 뇌와 상관이 있습니다. 그런데 아무리 퇴행성뇌질환을 앓는 환자라고 해도 그의 뇌를 함부로 잘라서 분석할 수 없는 것처럼, 인간을 직접 과학적 대상으로 삼기에는 힘든 부분이 많습니다. 기술적인 문제뿐 아니라 윤리적인 문제도 제기됩니다. 그래서 뇌과학의 발달에 힘입어 영장류학에 대한 관심이 높아진 겁니다.

그러나 제가 자바긴팔원숭이의 뇌를 잘라 연구하고 싶다는 것은 아닙니다. 저는 생존권을 해치지 않는 범위 내에서만 연구합니다. 그 범위 안에서도 얼마든지, 인간을 대상으로 할 수 없는 많은 연구들을 할 수 있습니다. 유인원의 뇌를 들여다보면 우리 인간의 뇌가 어떻게 진화해왔는지 엿볼 수 있습니다.

생물학과 통합적 접근

제가 평생 떠안고 있는 주제는 생명입니다. 여러분 가운데에서 몇몇은 어떤 형태로든 생명에 대해 연구하거나 생명과 관련된 일을 하게 될 겁니다. 대학에는 같은 생물학이라고 해도 여러 분야로 갈라져 있습니다. 세포생물학, 생리학, 생화학, 생태학 등으로 나뉘어 있습니다. 때로는 똑같은 주제를 가지고 연구하는데도, 다른 분야와 소통하지 못한 채 분과학문 형태로 연구합니다.

그런데 이렇게 쪼개서 생명을 들여다보면 어떻게 될까요? 생리학자나 세포생물학자가 무엇을 발견했다고 하더라도, 생명현상이라는 것은 그렇게 쪼개서 들여다본다고 답을 찾아낼 수 있는 것이 아닙니다. 생명계는 피라미드 형태의 위계구조를 갖고 있습니다. 가장 아래에 분자가 있고, 분자들이 세포를 이루고, 또 세포들이 생명체를 이루고, 생명체가 모여 개체군을 이루고, 개체군이 종이 되고, 생태계를 구성하고, 더 나아가 지구 생명권을 구성합니다.

　분자 수준에서 대립유전자 전부를 이해한다고 해서, 인간을 이해할 수 있을까요? 그것은 어렵습니다. 단계를 올라가면 올라갈수록 전혀 예상하지 못했던 새로운 속성들이 자꾸 나타나기 때문입니다. 이것을 창발성, 영어로는 'emergent properties'라고 합니다. 이런 창발성을 이해해야만 생명을 이해할 수 있습니다. 부분을 아무리 합쳐도 전체가 되지 않는 것이 생물학입니다. 물리학이나 화학은 부분만 들여다보고도 할 수 있는 학문입니다. 그래서 물리학이나 화학은 분석력만 갖춘다면 연구할 수 있을지 모릅니다. 그러나 생물학은 분석하고 난 다음에, 그것을 종합적으로 끼워맞춰야 합니다. 그래야만 생명현상을 이해할 수 있는 겁니다. 저는 감히 여러분에게 말합니다. 분석력과 종합력을 두루 갖춘 인재라면

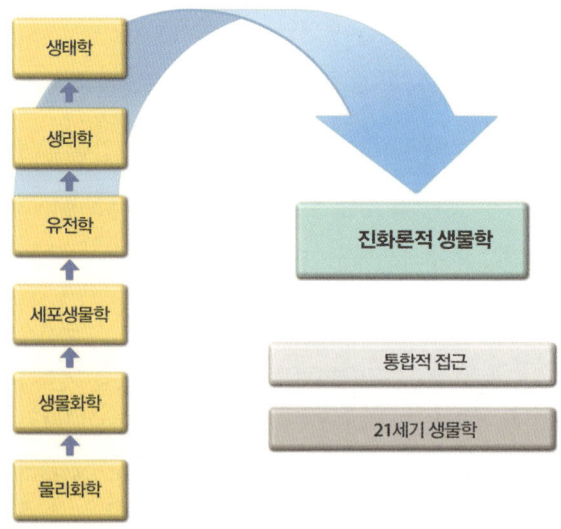

물리화학, 생물화학, 생리학 등을 모두 묶어서 전체적으로 연구하는 생물학적 방법론을 '통합적 접근'이라고 한다.

생물학은 부분과 전체를 모두 보는 학문이다.

생물학을 해도 된다고 말입니다.

21세기에 들어와서 생물학은 접근 방법을 달리하기 시작했습니다. 물리·화학·생화학을 다 들여다보고 나서, 개체들을 다 묶어서 전체적으로 연구하지 않으면 오묘한 생명현상을 이해할 수 없다고 보고 있습니다. 이런 생물학적 방법론을 통합적 접근(integrative approach)이라고 합니다. 그리고 이렇게 개체들을 묶어주는 생물학이 바로 다윈의 진화론입니다.

20세기 후반, 미국 버클리에 있는 캘리포니아대학교는 몇 년 동안의 토론을 거쳐 쪼개져 있던 여러 학과를 하나로 묶어 통합생물학과(Department of integrated biology)를 만드는 데 성공했습니다. 그후 세계 굴지의 대학들은 여러 생물학과를 통합생물학과라는 큰 틀로 묶었습니다. 과로 묶이지 않으면, 대학원에 통합 프로그램을 만들었습니다. 어떤 대학은 생물학뿐 아니라 물리·화학까지도 묶어 통합과학대학(College of integrated science)으로 만들었습니다. 왜 그랬을까요? 더 이상 쪼개서는 이해할 수 없다는 것을 분명히 알게 되었기 때문입니다. 생물학은 부분과 전체를 보는 학문입니다. 자전거의 부분들을 잘라서 보면 그것이 자전거인지 모르는 것처럼 말입니다. 그 부분들을 한데 붙여놓아야 자전거라는 것을 압니다.

생물다양성의 중요성

이제 여러분을 어마어마하게 넓은 생물학의 세계로 한번 인도해보겠습니다. 만약 기나긴 우주의 역사를 1년으로 환산한다면 어떻게 될까요? 빠른 속도로 우주의 역사를 훑어보겠습니다. 모든 것이 빅뱅으로 시작했습니다. 빅뱅은 정월 초하루 새벽 0시에 일어났습니다. 은하계는 5월 초, 지구는 9월 초에 만들어집니다. 지구에 생명체라고 부를 수 있는 것이 처음 등장한 것이 10월 초입니다. 공룡들은 크리스마스인 12월 25일 무렵에 뛰어놀았습니다. 그리고 크리스마스 다음날 다 사라집니다. 인류는 12월 31일 11시 40분에 태어납니다. 인류는 이 지구에 가장 막둥이로 태어난 것입니다. 이런 막둥이가 조상이 물려준 삶의 터전을 마음대로 바꾸고 있는 것입니다. 박테리아 등 모든 동물들이 우리의 조상입니다. 인류가 이렇게 힘이 세진 최초의 사건은 농업혁명(Agricultural revolution)입니다. 12시가 되기 20초 전의 일입니다. 인본주의가 전면에 부상한 르네상스는 불과 1초 전입니다. 기나긴 우주의 역사에서 보면, 인류는 정말 별 볼일 없는, 정말 어쩌다가 순간 태어난 동물입니다. 그런 동물이 가공할 수준의 환경 파괴를 일으키고 있습니다.

20세기에 들어서면서 지구의 이산화탄소의 농도는 급격하게 증가했고, 그로 인해 지금 지구의 온도가 상승하고 있습니다. 최근 2~3년 동안 여러분은 이런 얘기를 귀에 못이 박히도록 들었을 겁니다. 참으로 심각한 문제입니다. 세계 지도자들이 모였지만 합의를 도출하지 못합니다. 자국의 이익을 너무 챙기기 때문입니다. 지구의 온도가 2도 올라가는 것만이

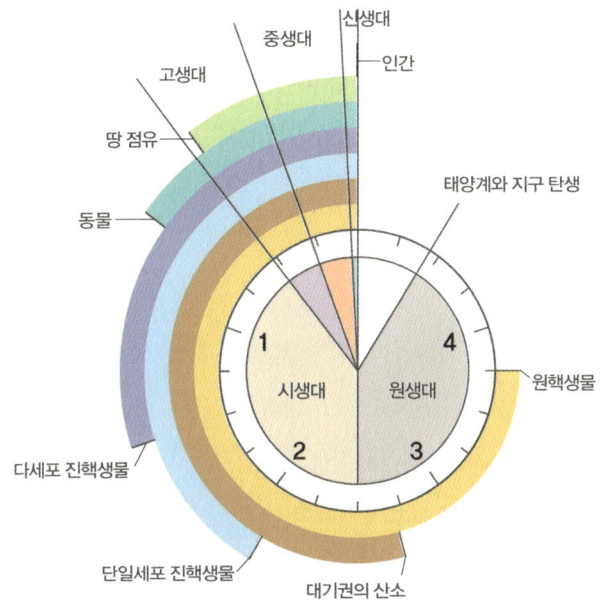

우주의 역사를 1년으로 환산하면, 인류는 12월 31일 11시 40분에 태어났다.

라도 막아보자는 것조차도 합의를 이끌어내지 못했습니다. 생물학자의 눈으로 보면 답답하기 그지없습니다. 지구의 온도가 2도 올라가는 것은 정말 큰일입니다. 만일 지구의 온도가 2도 올라간다면 지구 생물다양성의 거의 절반이 사라질지도 모릅니다. 얼마나 걱정되는 일인가요? 2도 아니라 0.5도도 막아야 합니다. 이제는 여러분을 포함해, 정치인, 정책입안자들, 생물학자, 기상학자가 함께 모여 지구의 미래를 걱정해야 합니다.

생명과학은 무엇인가요? 생명과학은 생명의 다양성과 메커니즘을 연구하는 학문입니다. 그런데 우리나라의 생명과학은 지금 너무 한쪽으로 치우쳐져 있습니다. 생명의 메커니즘을 연구하는 쪽으로 편향되어 있습니다. 생명의 다양성을 연구하는 쪽은 연구자가 많지 않습니다. 그러나 제가 거듭 강조하지만, 이 둘이 함께 가야 생물학이 진정한 생물학이 됩니다. 메커니즘만 연구하면, 생물학은 물리학과 화학의 시녀가 될 수 있습니다. 왜냐하면 거의 모든 방법이 물리학과 화학에서 오기 때문입니다.

통섭의 학문, 뇌과학

살아 있는 과학자 중 위대한 과학자를 꼽는다면, DNA 이중나선 구조를 밝혀서 노벨상을 받은 제임스 왓슨을 빼놓을 수 없습니다. 얼마 전 이분을 찾아뵈었는데, 이런 얘기를 했습니다. "예전에는 우리의 운명이 별에 달려 있는 줄 알았어요. 그래서 우리는 점성술을 했던 겁니다. 그런데 이제는 우리의 운명이 우리 유전자 안에 들어 있다는 것을 알게 되었습니다." 제임스 왓슨은 DNA 구조 연구에 이어 인간게놈프로젝트(인간유전체프로젝트)도 이끌어냈습니다. 그래서 인류는 우리가 어떻게 만들어졌는지를 들여다볼 수 있는 지구 상의 유일한 동물이 되었습니다. 이는 굉장한 일입니다.

지난 2004년 제임스 왓슨은 DNA 발견을 기념하는 50주년 강연에서 다음과 같이 말했습니다. "21세기에는 생물학과 심리학이 만날 겁니다." 이는 뇌과학을 얘기하는 것입니다. 뇌 속에서 무엇이 벌어지고 있는지를 우리가 축적한 모든 자연과학적 지식과 기술을 총동원해서 살펴보게 되리라는 것을 강조한 것입니다.

제가 가장 존경하는 과학자는 찰스 다윈입니다. 찰스 다윈은 1859년에 저 유명한 『종의 기원』을 썼습니다. 이 두꺼운 책에서는 심리학 얘기가 거의 등장하지 않습니다. 그런데 맨 마지막 장에 밑도 끝도 없이 이렇게 언급합니다. "먼 훗날에는 참으로 많은 연구 분야들이 열릴 텐데, 심리학은 진혀 새로운 기초 위에 놓일 것이다." 이것은 무슨 말일까요? 다윈은 자연과학이 언젠가 인간의 뇌를 연구하게 되리라는 것을 내다본 것입니다. 그리고 150년 후에 제임스 왓슨이 다시 메아리를 울렸던 것입니다.

최근에는 뇌를 직접 들여다보는 뇌과학(Brain Science), 여러 다른 학문 분야가 한데 모인 인지과학(Cognitive Science), 진화생물학에 기반한 진화심리학(Evolutionary Psychology) 등 여러 분야가 뇌를 연구하고 있습니다.

자연선택에 의한 진화론을 주장한 찰스 다윈

우리가 예전에 생각했던 것과 달리, 뇌는 하나의 거대한 슈퍼컴퓨터가 아니라 스위스의 아미 나이프처럼 각각의 기능에 맞는 형태로 진화했습니다. 우리는 온갖 뇌 영상 기법으로 뇌의 어느 부분이 무엇을 담당하는지를 찾아내고 있습니다.

저도 뇌를 나름대로 연구하고 있습니다. 저는 뇌를 직접 들여다보는 것이 아니라, 뇌의 진화를 연구합니다.

뇌의 진화는 세 단계로 생각할 수 있습니다. 첫 단계는 생존의 뇌(survival brain)입니다. 생물에게 일단 가장 중요한 것은 생존입니다. 먹을 것을 구해야 하고, 숨을 쉬어야 합니다. 이것은 아마 뇌라는 것을 가진 모든 동물들이 다 가지고 있을 겁니다.

그 다음 단계는 감정의 뇌(feeling brain)입니다. 한때 인간만이 감정을 가졌다고 믿었습니다. 그러나 그것은 사실이 아니었습니다. 고양이나 개를 키워보면, 그 동물들이 감정을 갖고 있다는 걸 알 수 있습니다.

그 다음 단계는 생각의 뇌(thinking brain)입니다. 과연 인간만이 생각할 수 있을까요? 그렇지 않습니다. 이제 우리는 온갖 동물들이 나름대로 사고한다는 것을 알고 있습니다. 플라나리아도 생각할 수 있습니다. 저는 생각의 뇌로는 인간과 동물을 절대 구분해낼 수 없다고 생각합니다. 침팬지가 우리랑 똑같은 방식으로 생각한다는 뜻은 아닙니다. 하지만 그들도 나름대로 그들의 환경에 맞는 사고방식이라는 게 있습니다.

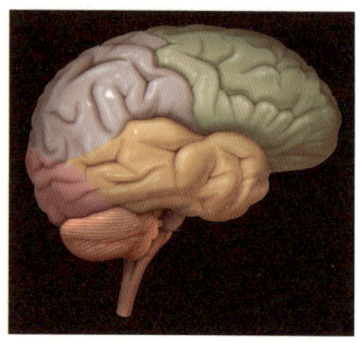

뇌과학은 학제간 연구가 필요한 종합적인 학문이다.

'생각의 뇌'를 잇는 다음 단계의 뇌는 무엇일까요? 저는 한 침팬지가 다른 침팬지를 재미난 이야기로 웃도록 하는 모습을 본 적이 없습니다. 재미나게 떠들고, 우스갯소리를 늘어놓고 낄낄대는 동물은 우리밖에 없습니다. 시를 쓸 줄 아는 동물, 소설을 쓸 줄 아는 동물, 신화를 창조해내는 동물, 종교를 만들어내는 동물, 설명할 줄 아는 동물은 인간밖에 없습니다. 그래서 저는 인간이 유일하게 '설명의 뇌(explaining brain)'를 가진 동물일 것이라고 생각하고 있습니다. 17세기 프랑스 철학자 르네 데카르트의 "나는 생각한다. 그러므로 나는 존재한다"라는 코기토 명제를 저는 이렇게 바꾸고 싶습니다. "나는 설명한다. 그러므로 나는 존재한다." 21세기의 학문은 '설명하는 뇌'를 설명해야 할 것입니다.

이것을 뇌과학자 한 명이 해낼 수 있을까요? 아마도 안 될 겁니다. 모든 학문 분야의 연구자들이 다 뛰어들어야, 뇌가 어떠한지 이해할 수 있을 겁니다.

뇌과학은 종합적인 학문입니다. 그래서 등장한 개념이 바로 통섭(統攝, Consilience)입니다. 지난 2005년 저는 우리 사회에 통섭이라는 개념을 화두로 던졌습니다. 이제 더 이상 어느 한 분야가, 어느 한 개인이 답을 찾는 시대가 아닙니다. 거의 모든 문제가 복합적인 문제들입니다. 여러 학문 분야가 함께 파고들어야 된다는 겁니다. 그게 바로 통섭의 개념입니다.

의생학이란 무엇인가?

이제, 개인적으로 제가 요즘 관심을 갖고 있는 분야를 하나 소개하면서 제 강의를 마치겠습니다. 얼마 전 저는 '자연과 통섭하면 어떨까?' 하는 생각에 새로운 학문을 하나 만들어냈습니다. 새로이 만든 학문의 이름은 의생학(擬生學)입니다. 여기서의 의(擬)는 '헤아릴 의' 혹은 '흉내 낼 의'라는 뜻의 한자어입니다. 생명을 흉내 내는 학문, 자연을 흉내 내는 학문이라고 보면 됩니다.

일명 '찍찍이'라고 불리는 벨크로는 자연을 베낀 대표적인 사례입니다. 진화의 역사를 관통하면서, 자신의 씨앗을 동물의 털에 붙여 이동시킨 식물의 모습을 인간이 그대로 베낀 겁니다.

스탠퍼드대학교에서 박사학위를 받은 김상배 박사(현 MIT 교수)는 열대 지방

벨크로는 엉겅퀴 씨앗의 모습을 흉내 낸 발명품이다.

의 호텔 벽면 위를 붙어서 기어다니는 게코도마뱀의 발바닥을 연구하고 서는 그 털을 그대로 모방해 '끈적이로봇'을 만들었습니다. 끈적이로봇은 발바닥에 인공 미세섬모가 있어서 미끄러운 유리나 타일 벽면을 1초에 4cm 속도로 기어오를 수가 있습니다. 2006년 〈타임〉 지는 끈적이로봇을 '올해의 발명' 중 하나로 뽑았습니다. 자연을 표절하는 것은 발명입니다.

일본의 신간센은 리모델링을 할 때, 표면 마찰을 줄이기 위해 밤에 소리 없이 날아다니는 올빼미의 깃털을 시뮬레이션했습니다. 앞 모양은 물총새의 부리 모양을 흉내 냈습니다.

핀란드의 가구회사는 뼈가구(Bone furniture)를 만들고 있습니다. 뼈는 자연이 만들어낸 가장 위대한 걸작품 중의 하나입니다. 지극히 가벼우면서도 굉장히 강인한 구조를 만들어냅니다.

미국 캘리포니아의 한 회사는 돌고래 보트를 만들었습니다. 그동안 사람들은 보트가 물에 빠지면 안 되는 줄 알고 물 위를 빨리 달리려고 난리쳤습니다. 그러나 이 돌고래 보트는 돌고래 모양을 하고 돌고래처럼 행동합니다. 솟구쳤다가 잠수했다가 다시 솟구칩니다. 이 돌고래보트는 없어서 못 팔 정도로 인기를 끌었습니다. 자연을 베끼면 이렇게 홈런을 치는 겁니다.

박쥐는 완벽한 암흑 속에서도 초음파를 보내 반사되는 것을 인지해서 먹이도 잡아먹고 물체도 피합니다. 최근 박쥐의 방향정위(echolocation, 초음파에 의한 감지 방법) 메커니즘을 이용한 시각장애인용 지팡이가 개발되었습니다.

흰개미가 설계도도 없이 주먹구구식으로 만든 구조물은 아프리카 땡볕에 하루 종일 서 있어도 실내온도의 변화가 2도 미만으로 유지됩니다. 굴뚝을 잘 만들어서 끊임없이 뜨거운 공기가 빠져나갑니다. 아프리카 짐

끈적이로봇

일본의 신간센은
물총새의 부리 모양을
흉내 냈다.

바브웨의 이스트게이트 센터 건물은 이런 흰개미 탑의 굴뚝을 모방함으로써 연료를 거의 사용하지 않고도 실내온도를 쾌적하게 유지하고 있습니다.

자연에는 많은 아이디어들이 공짜로 널려 있습니다. 아무리 베껴도 그 누구도 뭐라고 하지 않습니다. 이들 아이디어는 우리가 머릿속으로 짜낸 아이디어보다 더 탁월할 겁니다. 왜 그럴까요? 다윈의 말마따나, 자연에 있는 저 아이디어들은 수천만 년 동안 자연선택의 혹독한 검증을 이미 다 거쳤기 때문입니다. 검증에 실패한 건 전부 멸종해서 사라졌습니다. 검증에 성공한 것들만 있습니다.

자연을 베끼면 홈런을 칠 수 있습니다. 그러자면 생물다양성 연구가 필요합니다. 자연을 폭넓게 이해해야 하기 때문입니다. 생명의 메커니즘을 깊숙이 파고들어가는 연구뿐 아니라, 숲으로 뛰어다니는 연구도 이루어져야 합니다. 이 두 연구가 항상 같이 가야 새로운 것을 찾아낼 수 있습니다. 저희 세대는 따로 공부했습니다. 그래서 지금 만나려고 하니 꽤 힘이 듭니다. 여러분은 시작할 때부터 양쪽을 다 하십시오. 진화의 개념을 분명히 알고 있으면 분자생물학을 하더라도 문제가 훨씬 더 뚜렷하게 보일 겁니다. 숲 속의 한 그루 나무, 하나의 이파리를 들고 연구하더라도 가끔 산꼭대기로 올라가서 숲을 한번 내려다볼 줄 아는 분자생물학자가 성공하는 분자생물학자가 됩니다. 저는 여러분 가운데 깊이 파헤치면서도 폭넓게 바라보는 세계적인 생물학자가 많이 나오기를 진심으로 바랍니다.

경암바이오 시리즈
생물학 명강 1
ⓒ 2013 강문일, 김경진, 김영준, 김은준, 민도식, 박상철, 백융기, 신인철,
안주홍, 오태광, 유성은, 이승환, 정봉현, 정종경, 최양도, 최재천

1판 1쇄 2013년 6월 28일
1판 12쇄 2023년 5월 17일

기획	한국분자・세포생물학회
지은이	강문일, 김경진, 김영준, 김은준, 민도식, 박상철, 백융기,
	안주홍, 오태광, 유성은, 이승환, 정봉현, 정종경, 최양도, 최재천
카툰	신인철
후원	경암교육문화재단
펴낸이	김정순
책임편집	허영수 김소희 임선영 정소연 호미선 황은주
일러스트	전수교
디자인	김진영
마케팅	이보민 양혜림 정지수

펴낸곳	(주)북하우스 퍼블리셔스
출판등록	1997년 9월 23일 제406-2003-055호
주소	04043 서울시 마포구 양화로 12길 16-9(서교동 북앤빌딩)
전자우편	henamu@hotmail.com
홈페이지	www.bookhouse.co.kr
전화번호	02-3144-3123
팩스	02-3144-3121

ISBN 978-89-5605-679-1 04470
　　　978-89-5605-678-4 (세트)